中国政法大学
环境资源法研究和服务中心
宣讲参考用书

生态环境保护
健康维权普法
丛书

Environment
Protection
and
Health

放射性污染与健康维权

王灿发 张占良 主编

中国 · 武汉

图书在版编目（CIP）数据

放射性污染与健康维权 / 王灿发　张占良 主编. -- 武汉：华中科技大学出版社，2020.1

（生态环境保护健康维权普法丛书）

ISBN 978-7-5680-5687-8

Ⅰ. ①放…　Ⅱ. ①王…　②张…　Ⅲ. ①放射性污染－辐射防护　②放射性污染－污染防治－环境保护法－研究－中国　Ⅳ. ①TL7　②D922.683.4

中国版本图书馆CIP数据核字（2019）第208772号

放射性污染与健康维权　　王灿发　张占良　主编

Fangshexing Wuran yu Jiankang Weiquan

策划编辑： 郭善珊
责任编辑： 李　静
封面设计： 贾　琳
责任校对： 梁大钧
责任监印： 徐　露
出版发行： 华中科技大学出版社（中国・武汉）　电话：（027）81321913
武汉市东湖新技术开发区华工科技园　邮编：430223
录　　排： 北京欣怡文化有限公司
印　　刷： 北京富泰印刷有限责任公司
开　　本： 880mm × 1230mm　1/32
印　　张： 5.375
字　　数： 126千字
版　　次： 2020年1月第1版　2020年1月第1次印刷
定　　价： 39.00元

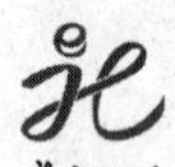

本书若有印装质量问题，请向出版社营销中心调换
全国免费服务热线：400-6679-118，竭诚为您服务

撰稿人：侯登华　张占良　唐　克　高晓元　赵胜彪

序 言

随着我国人民群众的生活水准越来越高，每个人对自身的健康问题也越来越关注。除了通过体育锻炼增强体质和合理安全的饮食保持健康以外，近年来人们越来越关注环境质量对人体健康的影响，甚至有些人因为环境污染导致的健康损害而与排污者对簿公堂。然而，环境健康维权，无论是国内还是国外，都并非易事。著名的日本四大公害案件，公害受害者通过十多年的抗争，才得到赔偿，甚至直到现在还有人为被认定为公害受害者而抗争。

我国现在虽然有了一些环境侵权损害赔偿的立法规定，但由于没有专门的环境健康损害赔偿的专门立法，污染受害者在进行环境健康维权时仍然是困难重重。我们组织编写的这套环境健康维权丛书，从我国污染受害者的现实需要出发，除了向社会公众普及环境健康维权的基本知识外，还包括财产损害、生态损害赔偿的法律知识和方法、途径，甚至还包括环境刑事案件的办理。丛书的作者，除了有长期从事环境法律研究和民事侵权研究的法律专家外，还有一些环境科学和环境医学的专家。丛书的内容特别注意了基础性、科学性、实用性，是公众和专业律师进行环境健康维权的好帮手。

环境污染，除了可能会引起健康损害赔偿等民事责任，也可能承担行政责任，甚至是刑事责任。衷心希望当事人和相关主体采取“健康”的方式，即合法、理性的方法维护相关权益。

虽然丛书的每位作者和出版社编辑都尽了自己的最大努力，力求把丛书打造成环境普法的精品，但囿于各位作者的水平和资料收集的局限，其不足之处在所难免，敬请读者批评指正，以便再版时修改完善。

王灿发

2019 年 6 月 5 日于杭州东站

编者说明

一、什么是放射性污染

放射性污染是指由于人类活动造成物料、人体、场所、环境介质表面或者内部出现超过国家标准的放射性物质或者射线所造成的污染。

放射线污染主要来源：核工业、核试验、核电站、核燃料、医疗、安保、科研、学习、生活等领域产生的放射性污染物。

为了防治放射性污染，我国于2003年6月28日通过《中华人民共和国放射性污染防治法》，对核设施和核技术利用、铀（钍）矿和伴生放射性矿开发利用的放射性污染防治，放射性废物管理，相关法律责任等做出了规定。这些规定有利于保护环境，保障人体健康，促进核能、核技术的开发与和平利用。

二、放射性污染的危害

提到放射性污染，不少人会想到世界上最严重的核事故——切尔诺贝利核电站核泄漏事故。1986年4月26日，位于乌克兰基辅市以北130千米左右的切尔诺贝利核电站第四号反应堆发生爆炸，核电站周围30千米范围被划为隔离区，庄稼被全部掩埋，周围7千米内的树木逐渐死亡。在之后的50年时间里，该地10千米范围以内不能耕作、放牧；10年内，100千米范围内被禁止生产牛奶。此外，由于放射性烟尘的扩散，欧洲邻近国家检测到超常的放射性尘埃，致使粮食、蔬菜、奶制品的生产都遭受了巨大的损失。

放射性污染对人体的危害主要包括三方面：

1. 直接损伤

放射性物质直接使机体物质的原子或分子电离，破坏机体内某些大分子，如脱氧核糖核酸、核糖核酸、蛋白质分子及一些重要的酶。

2. 间接损伤

各种放射线首先将体内广泛存在的水分子电离，生成活性很强的H+、OH- 和分子产物等，继而通过它们与机体的有机成分作用，产生与直接损伤作用相同的结果。

3. 远期效应

主要包括辐射致癌、白血病、白内障、寿命缩短等方面的损害以及遗传效应等。根据医学界权威人士的研究发现，受放射线诊断的孕妇生的孩子小时候患癌和白血病的比例较高。

三、本书主要法律内容

（一）民商事内容

结合放射性污染民商事案例，讲解与受害方如何维权、侵权人如何救济相关的法律法规，包括相关的实体法规定和程序法规定，同时介绍相关的法理知识。

（二）行政内容

结合放射性污染行政案例，讲解与当事人如何维权、行政机关如何救济相关的法律法规，包括相关的实体法规定和程序法规定，同时介绍相关的法理知识。

（三）刑事内容

结合放射性污染刑事案例，讲解与受害方如何维权、嫌疑人及被告人如何救济相关的法律法规，包括相关的实体法规定和程序法规定，同时介绍相关的法理知识。

四、本书目的

本书从法律、健康的角度，介绍与放射性污染相关的法律和健康知识，加强读者对放射性污染及危害的认识，学习相关的法律知识，提高生态环境维权的法律意识，从而实现保护生态环境、保护健康、依法维权的目的。

这里的“健康维权”，有两层含义：

一是保护什么、用什么方法保护。不但要保护公民的健康权、生命权、财产权，而且要依法保护，于法有据，用“健康”的方式维权。

二是保护谁、维护谁的权。不仅仅保护受害方的合法权益，也要维护侵权人、被告人、嫌疑人，甚至罪犯的合法权益。

目录

第一部分　民事篇

案例一　医生得了白血病，医院应付赔偿金

一、引子和案例

（一）案例简介

本案例是医生因从事放射性介入治疗工作而罹患白血病，要求医院予以赔偿而引起的纠纷。

谭某于1988年入职某医院，从事医生工作。2003年7月至2005年4月从事放射性介入治疗工作，该工作是在有X射线辐射的机器下进行的。2005年4月，谭某罹患白血病，先后在多家医疗机构进行治疗。谭某在治疗过程中，多次大剂量地使用地塞米松、甲基泼尼松龙、泼尼松等激素类药物。后来在治疗过程中继发股骨头坏死、面部色素沉着等疾病，花去了大量医疗费用。

谭某在从事放射性介入治疗工作过程中，某医院没有为其配置射线监测计量仪，也没有为谭某建立射线剂量监测档案。

谭某为寻求救济，曾向徐州市职业病诊断机构申请职业病鉴定，但因相关资料不全，其申请未被徐州市职业病诊断机构受理，因此，谭某的工伤认定申请亦不被当地的人力资源和社会保障局受理。

2005年8月，应某医院请求，当地的疾病预防控制中心对某医

院的机器辐射水平进行了检测，检测结果为诊断床外侧 1.2 m 处为 50mGy・h^{-1}, 0.8m 处为 270mGy・h^{-1}。

谭某就其白血病的罹患与工作期间接受射线辐射是否存在因果关系、股骨头坏死与接受射线辐射或因白血病治疗等是否存在因果关系、伤残程度等事项委托某司法鉴定所进行司法鉴定。该所于 2012 年 11 月 20 日给出如下鉴定意见 :1. 谭某所患白血病，与其长期从事放射介入诊疗工作中接受放射线之间存在因果关系；2. 谭某双侧股骨头坏死与其白血病治疗过程中大剂量使用激素之间存在因果关系；3. 谭某双侧股骨头坏死致双侧髋关节功能障碍，目前分别构成人体损伤八级残疾，需三级护理依赖。

此后，谭某就其白血病的伤残程度、面部色素沉着的伤残程度等事项又委托某司法鉴定中心进行鉴定。该鉴定中心于 2013 年 2 月 1 日给出如下鉴定意见：谭某急性杂合性白血病的伤残程度，根据 GB/T 16180–2006《劳动能力鉴定 职工工伤与职业病致残等级》（已于 2015 年被 GB/T 16180–2014 代替）第二级第三十六条之规定，属二级伤残范畴，构成二级伤残；其面部色素瘢痕存留的伤残程度，根据《江苏省高级人民法院人体损伤致残程度鉴定标准（试行）》（1998）第 2.6.8 条之规定，属六级伤残范畴，构成六级残疾。

谭某治疗疾病所产生的医疗费，某医院已给报销了一部分，就下余医疗费及其他损失的赔偿问题，谭某于 2012 年 4 月 23 日对某医院提起诉讼。法院原审认为，谭某在被告单位医院工作期间受 X 射线辐射致病，所受伤害属工伤，其赔偿问题应当按照《工伤保险条例》的规定处理，但谭某以一般侵权法律关系提起诉讼，故作出（2012）新民初字第 × 号民事裁定，驳回谭某的起诉。该民事裁定已经发生法律效力。

2017 年 6 月 26 日，法院审判委员会讨论认为，驳回谭某起诉的裁定确有错误，应予再审，依照《中华人民共和国民事诉讼法》第一百九十八条第一款的规定，裁定再审。

（二）裁判结果

法院再审判决：1. 撤销（2012）新民初字第 × 号民事裁定。2. 某医院于判决生效后十日内赔偿原审原告谭某损失，包括：（1）医疗费 700,000 万元；（2）住宿费 20,000 元；（3）交通费 4,000 元；（4）住院伙食补助费 6,570 元；（5）营养费 5,475 元；（6）鉴定费 3,200 元；（7）误工费 37,902 元（8,000 元 +6,232 元 +23,670 元）；（8）残疾赔偿金 369,398.4 元；（9）护理费 219,000 元；（10）精神损害抚慰金 50,000 元，合计 1,415,545.4 元。案件受理费 37,578 元，谭某负担 20,038 元，某医院负担 17,540 元。

（三）与案例相关的问题：

X 射线辐射会导致白血病吗？

什么是裁定驳回起诉？

哪些情形应当裁定驳回起诉？

什么是驳回诉讼请求？哪些情形会被判决驳回诉讼请求？

驳回起诉与驳回诉讼请求有什么区别？

二、相关知识

问：X 射线辐射会导致白血病吗？

答：2017 年 10 月 27 日，世界卫生组织国际癌症研究机构公布的致癌物清单中，X、γ 射线辐射被列为一类致癌物。

X 射线应用于诊断、治疗、工业等领域，但是长期接受 X 射线会导致白血病。白血病的病因有病毒因素、化学因素、遗传因素等。有证据显示，电离辐射可以引起白血病，人体吸收中等剂量或大剂量辐射后会诱发白血病，可使白血病发生率增高。小剂量辐射能否引起白血病仍不确定。

上述案例中的医护人员就是因长期受到X射线损伤而患上了白血病。

三、与案件相关的法律问题

（一）学理知识

问：什么是裁定驳回起诉？

答：本案的原告第一次起诉后，被原审法院裁定驳回起诉。裁定驳回起诉是指法院对原告提起的民事诉讼，审查后认为不符合法定条件的，应当在七日内裁定不予受理；如果法院立案后发现原告的起诉不符合法定条件的，应当裁定驳回起诉。

问：哪些情形应当裁定驳回起诉？

答：法院立案后发现原告的起诉有下列不符合法定条件的情形之一的，应当裁定驳回起诉：

1. 原告不是与本案有直接利害关系的公民、法人和其他组织；

2. 没有明确的被告；

3. 没有具体的诉讼请求和事实、理由；

4. 不属于人民法院受理民事诉讼的范围和受诉人民法院管辖。

5. 依照《中华人民共和国行政诉讼法》的规定，属于行政诉讼受案范围的，告知原告提起行政诉讼；

6. 依照法律规定，双方当事人达成书面仲裁协议申请仲裁、不得向人民法院起诉的，告知原告向仲裁机构申请仲裁；

7. 依照法律规定，应当由其他机关处理的争议，告知原告向有关机关申请解决；

8. 对不属于本院管辖的案件，告知原告向有管辖权的人民法院起诉；

9. 对判决、裁定、调解书已经发生法律效力的案件，当事人又起诉的，告知原告申请再审，但人民法院准许撤诉的裁定除外；

10. 依照法律规定，在一定期限内不得起诉的案件，在不得起诉的期限内起诉的，不予受理；

11. 判决不准离婚和调解和好的离婚案件，判决、调解维持收养关系的案件，没有新情况、新理由，原告在六个月内又起诉的，不予受理。

本案原审法院认为，谭某在被告单位医院工作期间受X射线辐射致病，所受伤害属工伤，其赔偿问题应当按照《工伤保险条例》的规定处理，属于依照法律规定，应当由其他机关处理的争议，但原审原告以一般侵权法律关系提起了本案诉讼，故作出（2012）新民初字第×号民事裁定，驳回谭某的起诉。该民事裁定已经发生法律效力。

问：什么是驳回诉讼请求？哪些情形会被判决驳回诉讼请求？

答：驳回诉讼请求是指法院对受理的案件，通过审理，在案件庭审结束后，依据查清的法律事实，认为请求的内容没有事实依据，或者没有法律依据而作出的对诉讼请求不予支持的判决，是对当事人实体权利的一种否定评价。

下列情形会被判决驳回诉讼请求：

1. 原告的诉讼请求没有事实依据。在审理过程中，原告不能提供证据，法院依职权也调取不到支持原告诉讼请求所依据的事实的证据时，会判决驳回原告的诉讼请求。

2. 原告的诉讼请求没有法律依据。有法律依据的诉讼主张，法院会保护。如诉讼主张没有法律依据，法院会驳回原告的诉讼请求。

3. 原告错误地主张法律关系。错误主张法律关系是指原告在起诉时提出的诉讼请求与案件事实是两个不同性质的法律关系。因为案件本身的事实证据与诉讼请求不具关联性，法院会驳回诉讼请求。

4. 原告超过诉讼时效提起诉讼。诉讼时效届满后，原告丧失的是胜诉权，但是没有丧失程序上的诉权。当事人超过诉讼时效期间起诉的，法院应受理，受理后查明无中止、中断、延长事由的，会判决驳回诉讼请求。

问：驳回起诉与驳回诉讼请求有什么区别？

答：驳回起诉与驳回诉讼请求虽然都是请求方的诉讼主张没有得到法院的支持，但是两者有着本质的区别。

驳回诉讼请求与驳回起诉的区别在于：

1. 适用法律不同。驳回起诉适用程序法，而驳回诉讼请求既可适用程序法又可适用实体法。

2. 适用诉讼主体不同。驳回起诉适用的诉讼主体是提起诉讼的原告；而驳回诉讼请求，既可以针对提起诉讼的原告，也可针对提起反诉的被告以及提出诉讼主张的有独立请求权的第三人。

3. 裁判形式不同。驳回起诉是对程序意义上诉权的否定，应当采用裁定形式；而驳回诉讼请求则是从实体意义上对诉权的否定，必须采用书面判决形式。

4. 适用阶段不同。驳回起诉通常是在法院立案后，诉讼程序刚开始阶段时适用；而驳回诉讼请求是在法院依照程序法规定的诉讼程序审理完毕结案时适用。

5. 适用内容和目的不同。驳回起诉是法院立案后经审查查明原告的起诉不符合法律规定，法院依法驳回原告起诉的权利。驳回诉讼请求是法院对诉讼主体不符合法律规定的诉讼请求或主张依法不予保护或判决予以驳回，或者超过诉讼时效又无中止、中断、延长事由的以及其他依法不予保护的诉讼请求或主张判决予以驳回。

6. 法律后果不同。驳回起诉的裁定发生法律效力后，原告再次起诉的，如符合起诉条件，法院应予以受理；驳回诉讼请求的判决生效后，当事人如无新的证据，不能就同一诉讼请求和事实向法院重新提出诉讼。

（二）法院裁判的理由

上述案例有 4 个争议焦点，即谭某罹患白血病与其从事的职业有没有因果关系，谭某股骨头坏死等病症与治疗白血病使用的药物、诊疗的措施有没有因果关系，谭某各项损失的具体数额，谭某的损害如果与其从事的职业有关，可否通过普通民事诉讼途径获得救济。

1. 关于谭某罹患白血病与其从事的职业有没有因果关系，法院认为，谭某就其白血病与其从事职业受 X 射线辐射有因果关系的主张，提供了某司法鉴定所的司法鉴定意见予以证明。该鉴定意见是以谭某的病历资料、某疾病预防控制中心关于某医院机房辐射水平的“说明”为依据，结合白血病的医学成因理论进行综合分析得出的结论。因此，建立在上述“说明”及谭某病案资料基础上的某司法鉴定所的鉴定意见认为谭某罹患白血病与其长期从事放射介入治疗工作中接受射线之间存在因果关系是有理有据的分析判断。

在本案中，某医院未提供证据证明谭某所患白血病与其所受职业伤害不存在因果关系。

因此，该鉴定意见在本案中可以作为证据采信。据此，应当认定谭某所患白血病与其从事的职业具有因果关系。

2. 关于谭某股骨头坏死等病症与治疗白血病使用的药物、诊疗的措施有无因果关系，法院认为，谭某在治疗白血病过程中，多次大剂量地使用了地塞米松、甲基泼尼松龙、泼尼松等激素类药物。医学理论认为，治疗疾病中使用的激素类药物是导致骨头坏死的元凶。某司法鉴定中心的关于谭某双侧股骨头坏死与其白血病治疗过程中大剂量使用激素药物之间存在因果关系的鉴定意见，有事实依据和科学依据，该意见可予采信。

谭某伤残程度鉴定所用检材客观真实，来源合法，作为法定鉴定机构的某司法鉴定中心给出的本案鉴定意见具有证据资格和证明效力，在本案中应当予以采信。

因此，应当认定谭某股骨头坏死等病症与治疗白血病使用的药物、诊疗的措施有因果关系。

3. 关于谭某的损害可否通过普通民事诉讼途径获得救济，法院认为，根据本案查明的事实，可以确定谭某所受的伤害即罹患白血病系在工作过程中因职业伤害而造成，其伤病应当属于职业病，其赔偿也应当通过职业病鉴定、工伤认定，进而通过工伤赔偿路径来解决。但由于某医院没有为谭某建立相应的职业性放射性监测档案和职业健康档案，导致谭某患病后无法通过职业病鉴定这条路径寻求救济。谭某主观上并不是不想通过正常的路径寻求救济，而是客观上这条路走不通。

由于某医院在射线辐射防护与管理上措施缺失，存在重大安全疏漏，以致造成了谭某因受射线辐射而罹患白血病的后果，在主观上具有明显的过失，应当对谭某的损害后果承担民事赔偿责任。作为受害人的谭某就民事赔偿提起的诉讼，符合《中华人民共和国民事诉讼法》关于法院民事案件管辖范围的规定，因此，谭某可以通过普通民事诉讼的方式提起本案诉讼。法院（2012）新民初字第 × 号民事裁定是错误的，应当予以撤销。

（三）法院裁判的法律依据

《中华人民共和国侵权责任法》：

第六条　行为人因过错侵害他人民事权益，应当承担侵权责任。

根据法律规定推定行为人有过错，行为人不能证明自己没有过错的，应当承担侵权责任。

《最高人民法院关于审理人身损害赔偿案件适用法律若干问题的解释》：

第十七条　受害人遭受人身损害，因就医治疗支出的各项费用以及因误工减少的收入，包括医疗费、误工费、护理费、交通费、住宿费、住院伙食补助费、必要的营养费，赔偿义务人应当予以赔偿。

受害人因伤致残的，其因增加生活上需要所支出的必要费用以及因丧失劳动能力导致的收入损失，包括残疾赔偿金、残疾辅助器具费、被扶养人生活费，以及因康复护理、继续治疗实际发生的必要的康复费、护理费、后续治疗费，赔偿义务人也应当予以赔偿。

受害人死亡的，赔偿义务人除应当根据抢救治疗情况赔偿本条第一款规定的相关费用外，还应当赔偿丧葬费、被扶养人生活费、死亡补偿费以及受害人亲属办理丧葬事宜支出的交通费、住宿费和误工损失等其他合理费用。

第十八条　受害人或者死者近亲属遭受精神损害，赔偿权利人向人民法院请求赔偿精神损害抚慰金的，适用《最高人民法院关于确定民事侵权精神损害赔偿责任若干问题的解释》予以确定。

精神损害抚慰金的请求权，不得让与或者继承。但赔偿义务人已经以书面方式承诺给予金钱赔偿，或者赔偿权利人已经向人民法院起诉的除外。

第十九条　医疗费根据医疗机构出具的医药费、住院费等收款凭证，结合病历和诊断证明等相关证据确定。赔偿义务人对治疗的必要性和合理性有异议的，应当承担相应的举证责任。

医疗费的赔偿数额，按照一审法庭辩论终结前实际发生的数额确定。器官功能恢复训练所必要的康复费、适当的整容费以及其他后续治疗费，赔偿权利人可以待实际发生后另行起诉。但根据医疗证明或者鉴定结论确定必然发生的费用，可以与已经发生的医疗费一并予以赔偿。

第二十条　误工费根据受害人的误工时间和收入状况确定。

误工时间根据受害人接受治疗的医疗机构出具的证明确定。受害人因伤致残持续误工的，误工时间可以计算至定残日前一天。

受害人有固定收入的，误工费按照实际减少的收入计算。受害人无固定收入的，按照其最近三年的平均收入计算；受害人不能举证证明其最近三年的平均收入状况的，可以参照受诉法院所在地相同或者相近行业上一年度职工的平均工资计算。

第二十一条　护理费根据护理人员的收入状况和护理人数、护理期限确定。

护理人员有收入的，参照误工费的规定计算；护理人员没有收入或者雇佣护工的，参照当地护工从事同等级别护理的劳务报酬标准计算。护理人员原则上为一人，但医疗机构或者鉴定机构有明确意见的，可以参照确定护理人员人数。

护理期限应计算至受害人恢复生活自理能力时止。受害人因残疾不能恢复生活自理能力的，可以根据其年龄、健康状况等因素确定合理的护理期限，但最长不超过二十年。

受害人定残后的护理，应当根据其护理依赖程度并结合配制残疾辅助器具的情况确定护理级别。

第二十二条　交通费根据受害人及其必要的陪护人员因就医或者转院治疗实际发生的费用计算。交通费应当以正式票据为凭；有关凭据应当与就医地点、时间、人数、次数相符合。

第二十三条　住院伙食补助费可以参照当地国家机关一般工作人员的出差伙食补助标准予以确定。

受害人确有必要到外地治疗，因客观原因不能住院，受害人本人及其陪护人员实际发生的住宿费和伙食费，其合理部分应予赔偿。

第二十四条　营养费根据受害人伤残情况参照医疗机构的意见确定。

第二十五条　残疾赔偿金根据受害人丧失劳动能力程度或者伤残等级，按照受诉法院所在地上一年度城镇居民人均可支配收入或者农村居民人均纯收入标准，自定残之日起按二十年计算。但六十周岁以上的，年龄每增加一岁减少一年；七十五周岁以上的，按五年计算。

受害人因伤致残但实际收入没有减少，或者伤残等级较轻但造成职业妨害严重影响其劳动就业的，可以对残疾赔偿金作相应调整。

《中华人民共和国民事诉讼法》:

第一百九十八条第一款　各级人民法院院长对本院已经发生法律效力的判决、裁定、调解书，发现确有错误，认为需要再审的，应当提交审判委员会讨论决定。

第二百零七条　人民法院按照审判监督程序再审的案件，发生法律效力的判决、裁定是由第一审法院作出的，按照第一审程序审理，所作的判决、裁定，当事人可以上诉；发生法律效力的判决、裁定是由第二审法院作出的，按照第二审程序审理，所作的判决、裁定，是发生法律效力的判决、裁定；上级人民法院按照审判监督程序提审的，按照第二审程序审理，所作的判决、裁定是发生法律效力的判决、裁定。

人民法院审理再审案件，应当另行组成合议庭。

第二百五十三条　被执行人未按判决、裁定和其他法律文书指定的期间履行给付金钱义务的，应当加倍支付迟延履行期间的债务利息。被执行人未按判决、裁定和其他法律文书指定的期间履行其他义务的，应当支付迟延履行金。

（四）上述案例的启示

本案中，谭某就其罹患白血病与其从事职业受 X 射线辐射有因果关系的主张，之所以得到法院的支持，是因为谭某提供了证明污染者排放的污染物或者其次生污染物与损害之间具有关联性的证据材料；而被告医院未能举证证明 X 射线辐射没有造成谭某白血病的可能。

谭某提供了某司法鉴定所的司法鉴定意见和当地的疾病预防控制中心对某医院机房辐射水平的检测报告，证明辐射超标，同时出具了“说明”。某司法鉴定所是经江苏省司法厅等主管机关批准许可向社会从事相关司法鉴定活动的机构，故其鉴定意见得到法院的认可。因此，受害人在相关诉讼活动中，要提供证据证明其损害结果与致害方的行为有因果关系，这样才能得到法律的支持。

案例二　X 射线检查违规，患者要医院赔偿

一、引子和案例

（一）案例简介

为给病人治疗而使用 X 射线时，应当对病人的相关部位采取保护措施。本案例就是因为医生在诊疗过程中违反了《放射诊疗管理规定》而引起的民事诉讼。

2011 年 5 月 29 日晚，时年 6 岁的原告陈某因呕吐在其父亲的陪护下到被告某医学院附属医院就诊。

当晚 20 时，原告在该院放射科二楼进行了腹部立卧位 X 射线照片检查，2011 年 5 月 30 日零时又进行了胸部正位 X 射线照片检查。在检查过程中，值班医生未使用个人防护用品对原告的性腺等敏感器官进行屏蔽防护，亦未对陪检者陈某的父亲采取个人防护措施。

2011 年 6 月 30 日，原告的父亲发现原告的性腺等敏感器官多次暴露在 X 射线照片中，认为被告随意扩大照射面积与范围，遂向 G 市卫生监督所举报被告的违规行为。2012 年 1 月 6 日，G 市卫生监督所作出《关于陈某投诉 A 医院违反〈放射诊疗管理规定〉的复函》。复函中指出：被告医院的值班医生在未使用个人防护用品对原告的性腺

等敏感器官进行屏蔽防护及未对陪检者采取个人防护措施的情况下实施X射线照片检查，该行为违反了《放射诊疗管理规定》第二十五条、第二十六条第二款第（五）项的规定。市疾控中心于2011年10月13日出具了对原告陈某接受辐射剂量估算的报告，该报告显示原告陈某3次受照全身累计吸收剂量约0.033毫戈瑞，该受照剂量应不会对原告产生不良影响。

此后，原告认为被告的诊疗行为违反《放射诊疗管理规定》，造成了原告及家人心理和生理的严重损害，故诉至法院，请求判令：1.被告赔偿原告医疗费119元；2.被告赔偿原告精神损害抚慰金9,000元，并赔礼道歉；3.本案诉讼费由被告承担。

（二）裁判结果

法院对原告的诉讼请求没有支持，驳回了原告的诉讼请求。

（三）与案例相关的问题：

什么是放射诊疗工作？医疗机构在实施放射诊断检查时应当遵守什么规定？

什么是法定诉讼代理人？

什么是精神损害抚慰金？

精神损害赔偿金适用哪些情况？

是不是因侵权受到精神损害就一定能获得精神损害赔偿？

应当从哪些因素依法认定侵权行为是否致人精神损害以及是否造成严重后果？

精神损害的赔偿数额根据哪些因素确定？

二、相关知识

问：什么是放射诊疗工作？医疗机构在实施放射诊断检查时应当遵守什么规定？

答：放射诊疗工作是指使用放射性同位素、射线装置进行临床医学诊断、治疗和健康检查的活动。

医疗机构在实施放射诊断检查时应当遵守下列规定：

1. 严格执行检查资料的登记、保存、提取和借阅制度，不得因资料管理、受检者转诊等原因使受检者接受不必要的重复照射；

2. 不得将核素显像检查和X射线胸部检查列入对婴幼儿及少年儿童体检的常规检查项目；

3. 对育龄妇女腹部或骨盆进行核素显像检查或X射线检查前，应问明是否怀孕；非特殊需要，对受孕后八至十五周的育龄妇女，不得进行下腹部放射影像检查；

4. 应当尽量以胸部X射线摄影代替胸部荧光透视检查；

5. 实施放射性药物给药和X射线照射操作时，应当禁止非受检者进入操作现场；因患者病情需要其他人员陪检时，应当对陪检者采取防护措施。

三、与案件相关的法律问题

（一）学理知识

问：什么是法定诉讼代理人？

答：法定诉讼代理人又叫法定代理人，是指根据法律规定，代理无诉讼行为能力的当事人进行民事诉讼的人。

本案的原告是时年6岁的陈某，陈某是无诉讼行为能力人，其父亲是原告陈某的法定诉讼代理人。

无诉讼行为能力人由他的监护人作为法定代理人代为诉讼。法定代理人之间互相推诿代理责任的，由人民法院指定其中一人代为诉讼。

父母是未成年子女的监护人。未成年人的父母已经死亡或者没有监护能力的，由下列有监护能力的人按顺序担任监护人：

1. 祖父母、外祖父母；

2. 兄、姐；

3. 其他愿意担任监护人的个人或者组织，但是须经未成年人住所地的居民委员会、村民委员会或者民政部门同意。

问：什么是精神损害抚慰金？

答：侵害他人人身权益，造成他人严重精神损害的，被侵权人可以请求精神损害赔偿。

精神损害抚慰金也叫精神损害赔偿金，是指受害人因人格权、监护权等利益遭受不法侵害而导致其遭受精神损害，造成严重后果，依法要求侵害人赔偿的精神抚慰费用。

精神损害抚慰金包括以下方式：

1. 致人残疾的，为残疾赔偿金；

2. 致人死亡的，为死亡赔偿金；

3. 其他损害情形的精神抚慰金。

问：精神损害赔偿金适用哪些情况？

答：精神损害赔偿金适用于以下几种情况：

1. 自然人因下列人格权利遭受非法侵害，向人民法院起诉请求赔偿精神损害的，人民法院应当依法予以受理：

（1）生命权、健康权、身体权；

（2）姓名权、肖像权、名誉权、荣誉权；

（3）人格尊严权、人身自由权。

违反社会公共利益、社会公德侵害他人隐私或者其他人格利益，受害人以侵权为由向人民法院起诉请求赔偿精神损害的，人民法院应当依法予以受理。

2. 非法使被监护人脱离监护，导致亲子关系或者近亲属间的亲属关系遭受严重损害，监护人向人民法院起诉请求赔偿精神损害的，人民法院应当依法予以受理。

3. 自然人死亡后，其近亲属因下列侵权行为遭受精神痛苦，向人民法院起诉请求赔偿精神损害的，人民法院应当依法予以受理：

（1）以侮辱、诽谤、贬损、丑化或者违反社会公共利益、社会公德的其他方式，侵害死者姓名、肖像、名誉、荣誉；

（2）非法披露、利用死者隐私，或者以违反社会公共利益、社会公德的其他方式侵害死者隐私；

（3）非法利用、损害遗体、遗骨，或者以违反社会公共利益、社会公德的其他方式侵害遗体、遗骨。

4. 具有人格象征意义的特定纪念物品，因侵权行为而永久性灭失或者毁损，物品所有人以侵权为由，向人民法院起诉请求赔偿精神损害的，人民法院应当依法予以受理。

问：是不是因侵权受到精神损害就一定能获得精神损害赔偿？

答：因侵权受到精神损害不一定能获得精神损害赔偿。

因侵权致人精神损害，但未造成严重后果，受害人请求赔偿精神损害的，一般不予支持，法院可以根据情形判令侵权人停止侵害、恢复名誉、消除影响、赔礼道歉。

因侵权致人精神损害，造成严重后果的，法院除判令侵权人承担停止侵害、恢复名誉、消除影响、赔礼道歉等民事责任外，可以根据受害人一方的请求判令其赔偿相应的精神损害抚慰金。

问：应当从哪些因素依法认定侵权行为是否致人精神损害以及是否造成严重后果？

答：一般情形下，应当综合考虑受害人人身自由、生命健康受到侵害的情况，精神受损情况，日常生活、工作学习、家庭关系、社会评价受到影响的情况，并考虑社会伦理道德、日常生活经验等因素，依法认定侵权行为是否致人精神损害以及是否造成严重后果。

受害人因侵权行为而死亡、残疾（含精神残疾）或者所受伤害经有合法资质的机构鉴定为重伤或者诊断、鉴定为严重精神障碍的，应当认定侵权行为致人精神损害并且造成严重后果。

问：精神损害的赔偿数额根据哪些因素确定？

答：精神损害的赔偿数额根据以下因素确定：

1. 侵权人的过错程度，法律另有规定的除外；

2. 侵害的手段、场合、行为方式等具体情节；

3. 侵权行为所造成的后果；

4. 侵权人的获利情况；

5. 侵权人承担责任的经济能力；

6. 受诉法院所在地平均生活水平。

（二）法院裁判的理由

法院认为，本案原告选择的是侵权之诉，《中华人民共和国侵权责任法》要求侵权行为成立的前提条件是发生现实的损害，侵权行为损害赔偿请求权以实际损害作为成立要件，有损害才可能赔偿，没有损害则无赔偿。作为侵权责任法上的损害，应当具有以下特征：1. 损害是侵害合法民事权益所产生的对受害人人身或者财产不利的后果；2. 这种损害后果在法律上具有救济的必要与救济可能；3. 损害后果应当具有客观真实性和确定性。

本案中，被告的诊疗行为虽违反了相关规定，但是G市卫生监督所作出的复函中明确说明，陈某3次受照全身累积吸收剂量约0.033

毫戈瑞，该受照剂量应不会对原告产生不良影响，即此次诊疗行为目前并未对原告造成损害，原告亦未提供其他证据证实因此次诊疗行为遭受损害的事实，故原告要求被告承担侵权赔偿责任缺乏事实依据和法律依据，法院不予支持。

（三）法院裁判的法律依据

《放射诊疗管理规定》（中华人民共和国卫生部令第 46 号）：

第二十五条　放射诊疗工作人员对患者和受检者进行医疗照射时，应当遵守医疗照射正当化和放射防护最优化的原则，有明确的医疗目的，严格控制受照剂量；对邻近照射野的敏感器官和组织进行屏蔽防护，并事先告知患者和受检者辐射对健康的影响。

《中华人民共和国侵权责任法》：

第五十四条　患者在诊疗活动中受到损害，医疗机构及其医务人员有过错的，由医疗机构承担赔偿责任。

（四）上述案例的启示

本案原告请求精神损害抚慰金的诉讼请求没有得到法院的支持，给我们的启示是，因侵权受到精神损害，不一定能获得精神损害赔偿。

因侵权致人精神损害，但未造成严重后果，受害人请求赔偿精神损害的，一般不予支持；造成严重后果的，法院除判令侵权人承担停止侵害、恢复名誉、消除影响、赔礼道歉等民事责任外，可以根据受害人一方的请求判令其赔偿相应的精神损害抚慰金。

案例三　日本福岛核泄漏，中国消费者起诉

一、引子和案例

（一）案例简介

本案例是打假者购买禁止进口的商品后要求销售者予以赔偿而引起的纠纷。

2017年6月19日，王某从朱某的淘宝网店购买了16件专供日本幼儿园的粉罐、蓝罐哈密瓜味鱼肝油，单价240元，共计3,840元。

国家质量监督检验检疫总局2011年第44号文《关于进一步加强从日本进口食品农产品检验检疫监管的公告》载明："鉴于日本福岛核泄漏事故对食品、农产品质量安全的影响范围不断扩大、影响程度不断加重，世界上众多国家和地区也在不断加强防范措施，为确保日本输华食品、农产品的质量安全，根据《食品安全法》及其实施条例、《进出境动植物检疫法》及其实施条例的规定，现就有关事项公告如下：一、自即日起，禁止从日本福岛县、群马县、栃木县、茨城县、宫城县、山形县、新潟县、长野县、山梨县、琦玉县、东京都、千叶县等12个都县进口食品、食用农产品及饲料。"

王某称涉案商品标签标注产地为日本琦玉县，在2017年央视

“3·15晚会”上曝光为日本核辐射商品；王某在购买涉案商品时已经知道商品存在质量问题，且没有向朱某询问涉案商品产地，之所以购买是以为涉案商品与之前购买的商品批次不同；王某已经收到了朱某的退款，但并未将涉案商品退回。

朱某认可淘宝网及天猫网上涉案商品的产地是日本琦玉县。

王某认为朱某的行为违反了《中华人民共和国食品安全法》的相关规定，同时也违反了国家质量监督检验检疫总局2011年第44号《关于进一步加强从日本进口食品农产品检验检疫监管的公告》。

王某向法院提出诉讼请求：1. 要求朱某支付赔偿款38,400元；2. 要求朱某赔偿交通费、误工费、打印费1,000元；3. 要求朱某承担诉讼费。

朱某答辩称：第一，王某购买涉案商品时已经明知商品存在问题，蓄意大量购买，不属于正常消费者；第二，在朱某经营的淘宝店铺告知王某货物不足、要求退款时，王某引导并请求朱某采购，事后却以该商品不合法起诉，意在图谋十倍赔偿，涉嫌欺诈勒索；第三，发现商品存在问题后经淘宝投诉，朱某已经将货款3,840元退还给王某，但王某并未退货，现要求王某退货。

（二）裁判结果

依照《中华人民共和国食品安全法》《中华人民共和国民事诉讼法》的相关规定，法院判决：1. 被告朱某于本判决生效之日起7日内向原告王某支付赔偿款38,400元；2. 驳回原告王某的其他诉讼请求。案件受理费441元，由原告王某负担61元（已交纳），由被告朱某负担380元（于本判决生效之日起7日内交纳）。如不服本判决，可在判决书送达之日起15日内向法院递交上诉状，按对方当事人的人数提出副本，上诉于北京市第三中级人民法院。

（三）与案例相关的问题：

什么是放射性污染食品？

什么是电子商务经营者？什么是电子商务平台经营者？什么是电子商务平台内经营者？

什么是买卖合同？

在电子商务争议处理中，电子商务经营者是否应当提供原始合同和交易记录？

电子商务经营者销售、提供法律、行政法规禁止交易的商品或服务，会受到什么处罚？

二、相关知识

问：什么是放射性污染食品？

答：放射性污染食品是指由于人类活动造成食品表面或者内部出现超过国家标准的放射性物质或者射线的，各种供人食用或者饮用的成品和原料，以及按照传统既是食品又是中药材的物品，但是不包括以治疗为目的的物品。

放射性污染食品是不安全食品。不安全食品是指食品有毒、有害，不符合应当有的营养要求，对人体健康会造成急性、亚急性或者慢性危害。

放射性污染食品的污染源包括核工业产生的废弃物、废水、废气；核武器试验的沉降物；医疗检查和诊断过程中的放射性照射；科研工作中应用放射性物质造成的放射性污染等。

放射性污染食品通过消化道进入人体，放射性物质能被人体直接摄入，会造成慢性放射性损伤，可能会破坏细胞和组织结构，使细胞生长受阻，诱发细胞变异，增加癌症概率等。

三、与案件相关的法律问题

（一）学理知识

问：什么是电子商务经营者？什么是电子商务平台经营者？什么是电子商务平台内经营者？

答：电子商务是指通过互联网等信息网络销售商品或者提供服务的经营活动。电子商务经营者是指通过互联网等信息网络从事销售商品或者提供服务的经营活动的自然人、法人和非法人组织，包括电子商务平台经营者、平台内经营者以及通过自建网站、其他网络服务销售商品或者提供服务的电子商务经营者。

电子商务平台经营者是指在电子商务中为交易双方或者多方提供网络经营场所、交易撮合、信息发布等服务，供交易双方或者多方独立开展交易活动的法人或者非法人组织。

电子商务平台内经营者是指通过电子商务平台销售商品或者提供服务的电子商务经营者。

本案中，产品的销售者是电子商务平台内经营者，淘宝网是电子商务平台经营者。

问：什么是买卖合同？

答：买卖合同是出卖人转移标的物的所有权给买受人，买受人支付价款的合同。转移所有权的一方为出卖人或者卖方，支付价款而取得所有权的一方为买受人或者买方。根据《中华人民共和国合同法》第一百七十四条、第一百七十五条的规定，法律对其他有偿合同的事项未作规定时，参照买卖合同的规定；互易等转移标的物所有权的合同，也参照买卖合同的规定。

买卖合同的标的物是指卖方所出卖的货物，指能满足人们实际生活需要，能为人力独立支配的财产。买卖合同广义上的标的物不仅指物，而且包括其他财产权利，如债权、知识产权、永佃权等。我国合同法所规定的标的物采取狭义标准，指实物，不包括权利。

本案中，王某和朱某是买卖合同关系，王某是买方，朱某是卖方。王某和朱某的买卖合同的标的物是鱼肝油。二者的买卖合同有法律效力。

问：在电子商务争议处理中，电子商务经营者是否应当提供原始合同和交易记录？

答：在电子商务争议处理中，电子商务经营者应当提供原始合同和交易记录。因电子商务经营者丢失、伪造、篡改、销毁、隐匿或者拒绝提供前述资料，致使人民法院、仲裁机构或者有关机关无法查明事实的，电子商务经营者应当承担相应的法律责任。

问：电子商务经营者销售、提供法律、行政法规禁止交易的商品或服务，会受到什么处罚？

答：电子商务经营者销售、提供法律、行政法规禁止交易的商品或服务，依照有关法律、行政法规的规定处罚。

《中华人民共和国食品安全法》规定：有下列情形之一的，由县级以上人民政府食品安全监督管理部门没收违法所得和违法生产经营的食品、食品添加剂，并可以没收用于违法生产经营的工具、设备、原料等物品；违法生产经营的食品、食品添加剂货值金额不足一万元的，并处五千元以上五万元以下罚款；货值金额一万元以上的，并处货值金额五倍以上十倍以下罚款；情节严重的，责令停产停业，直至吊销许可证：

1. 生产经营被包装材料、容器、运输工具等污染的食品、食品添加剂；

2. 生产经营无标签的预包装食品、食品添加剂或者标签、说明书不符合本法规定的食品、食品添加剂；

3. 生产经营转基因食品未按规定进行标示；

4. 食品生产经营者采购或者使用不符合食品安全标准的食品原料、食品添加剂、食品相关产品。

生产经营的食品、食品添加剂的标签、说明书存在瑕疵但不影响食品安全且不会对消费者造成误导的，由县级以上人民政府食品安全监督管理部门责令改正；拒不改正的，处二千元以下罚款。

（二）法院裁判的理由

法院认为：王某从朱某处购买涉案商品，双方成立买卖合同关系，该买卖合同关系系双方当事人的真实意思表示，不违反法律法规的强制性规定，应属合法有效。

买卖双方均认可涉案商品产地为日本琦玉县，根据《关于进一步加强从日本进口食品农产品检验检疫监管的公告》，涉案商品产地属于我国禁止进口的地区，是不安全食品，无法确保食品质量安全，朱某作为销售方未尽到查验义务，应承担相应法律责任。

王某主张朱某赔偿交通费、误工费及打印费，但未举证证明，故对此诉讼请求，法院不予支持。

朱某主张王某是职业打假人，明知食品存在质量问题仍然购买，不应赔偿，法院依据最高人民法院规定，因食品、药品质量问题发生纠纷，购买者向生产者、销售者主张权利，生产者、销售者以购买者明知食品、药品存在质量问题而仍然购买为由进行抗辩的，法院不予支持。

（三）法院裁判的法律依据

《中华人民共和国食品安全法》：

第一百四十八条　消费者因不符合食品安全标准的食品受到损害的，可以向经营者要求赔偿损失，也可以向生产者要求赔偿损失。接到消费者赔偿要求的生产经营者，应当实行首负责任制，先行赔付，不得推诿；属于生产者责任的，经营者赔偿后有权向生产者追偿；属于经营者责任的，生产者赔偿后有权向经营者追偿。

生产不符合食品安全标准的食品或者经营明知是不符合食品安全标准的食品，消费者除要求赔偿损失外，还可以向生产者或者经营者要求支付价款十倍或者损失三倍的赔偿金；增加赔偿的金额不足一千元的，为一千元。但是，食品的标签、说明书存在不影响食品安全且不会对消费者造成误导的瑕疵的除外。

《中华人民共和国民事诉讼法》：

第六十四条　当事人对自己提出的主张，有责任提供证据。

当事人及其诉讼代理人因客观原因不能自行收集的证据，或者人民法院认为审理案件需要的证据，人民法院应当调查收集。

人民法院应当按照法定程序，全面地、客观地审查核实证据。

（四）上述案例的启示

我们应该了解以下两个问题：第一，“职业打假人”或“知假买假者”能否索赔；第二，惩罚性赔偿是不是要以消费者人身权益遭受损害为前提。

关于“职业打假人”或“知假买假者”能否索赔的问题，有人认为，“职业打假人”或“知假买假者”不是消费者，他们是“以打假为业”“知假买假”，不是为生活消费需要购买、使用商品或者接受服务，他们的行为扰乱了市场，浪费了社会资源，特别是司法资源，不应当受到法律的保护。事实上，这种看法是不合理、片面的。“职业打假人”或“知假买假者”的行为，客观上有利于遏制无良商家泛滥，维护消费者的合法权益，净化食品、药品市场环境，调动社会资源参与管理公共事务等。

基于上述理由，目前在食品、药品领域，“职业打假人”或“知假买假者”应当被认定为消费者，可以主张惩罚性赔偿。因食品、药品质量问题发生纠纷，购买者向生产者、销售者主张权利，进行索赔时，如果生产者、销售者以购买者明知食品、药品存在质量问题而仍然购买为由进行抗辩的，法院不予支持。最高人民法院办公厅法办函[2017]181号《对十二届全国人大五次会议第5990号建议的答复意见》是，“考虑食药安全问题的特殊性及现有司法解释和司法实践的具体情况，我们认为目前可以考虑在除购买食品、药品之外的情形，逐步限制职业打假人的牟利性打假行为。我们将根据实际情况，积极考虑阳国秀等代表提出的建议，适时借助司法解释、指导性案例等形式，逐步遏制职业打假人的牟利性打假行为。”（中华人民共和国最高人民法院办公厅，2017年5月19日）

关于惩罚性赔偿是不是要以消费者人身权益遭受损害为前提。惩罚性赔偿又称示范性赔偿或报复性赔偿，是指由法庭所作出的赔偿数额超出实际损害数额的赔偿。有人认为，食品安全法关于惩罚性赔偿的规定应以消费者人身权益遭受损害为前提。这种看法也是不合理、片面的。就目前食品、药品市场的问题和乱象，坚持惩罚性赔偿不以消费者人身权益遭受损害为前提的原则更显得必要和紧迫，这样有利于维护消费者的合法权益，净化食品、药品市场环境，增加经营者的违法成本。基于此，最高人民法院规定，生产不符合安全标准的食品或者销售明知是不符合安全标准的食品，消费者除要求赔偿损失外，向生产者、销售者主张支付价款十倍赔偿金或者依照法律规定的其他赔偿标准要求赔偿的，法院应予支持。

案例四 高压电辐射扰民，受害人提起诉讼

一、引子和案例

（一）案例简介

本案例是因为高压电线电磁辐射引起的纠纷，经过了一审、上诉、发回重审、再上诉。

上诉人张某因与被上诉人某电网有限公司、某送变电工程公司放射性污染责任纠纷一案，不服丙市人民法院民事判决，向丁市中级人民法院提出上诉。

张某一审诉称：某送变电工程公司在1999年至2008年间，为第一被告某电网有限公司施工，在张某居住房屋的东西两侧铺设了50万伏的高压输电线路。该线路铺好运营后，经常发出刺耳的电流声。在雨天，张某居住房屋的墙体时常附带不同程度的静电。自从某送变电工程公司铺设高压输电线路后，张某出现不同程度的耳聋、耳鸣，造成较大的精神压力。张某多次反映，但均未得到圆满解决。

2011年7月12日，张某起诉要求某送变电工程公司消除因电磁辐射给自家造成的影响，后申请撤诉，法院裁定准予撤诉。2012年9月4日，张某再次提起诉讼请求：1. 某电网有限公司及某送变电工程公司连带承担停止侵害、排除妨碍，并赔偿医疗费3,000元的法律责任。2. 如

不能停止侵害，排除妨碍，则要求某电网有限公司及某送变电工程公司按照回迁价值赔偿经济损失。3. 诉讼费及鉴定费由某电网有限公司及某送变电工程公司共同承担。

后某市环保局有关部门检测，围绕张某房屋东西两侧形成的电磁辐射严重超标。

原审诉讼中，某电网有限公司及某送变电工程公司向法院提供了其单方委托由东北电力科学研究院有限公司出具的《某市超高压局蒲梨2号线71–72号铁塔间电磁环境测试报告》，证明张某居住环境的电磁辐射符合国家标准。

法院作出民事判决，驳回张某的诉讼请求。张某不服判决，上诉至中级人民法院。中级人民法院裁定将案件发回重审。

重审诉讼中，法院委托某环保技术咨询有限公司进行工频电磁场监测，组织各方当事人及监测机构现场监测选取监测点位时，张某未提出任何异议，监测后当事人均在现场测量记录表上签字确认。2017年4月5日，某环保技术咨询有限公司出具《监测报告》。监测结果是张某家符合国家标准《电磁环境控制限值》（GB 8702–2014）中关于工频交流输变电项目标准限值工频电场强度4kV/m和工频磁感应强度100μT标准限值的要求。

重审诉讼中，张某没有提供本人与妻子及子女因电磁辐射造成身体损害的相关证据，但提供其父母于高压输变电线路建成后的健康体检报告以及医院门诊病历等证据材料，用以证明同住家属患有相应疾病。

（二）裁判结果

重审法院判决：1. 驳回张某的诉讼请求；2. 张某于判决生效后十日内给付监测费10,000元；如未按判决指定期间履行金钱给付义务，应当加倍支付迟延履行期间的债务利息。案件受理费100元，由张某承担。

张某不服重审判决，又上诉至市中级人民法院。市中级人民法院判决驳回上诉，维持原判。二审案件受理费 100 元，由张某负担。

（三）与案例相关的问题：

因电磁辐射要求赔偿应当提供哪些证据？

什么是民事诉讼撤诉？申请撤诉要符合哪些条件？

什么是民事诉讼按撤诉处理？哪些情况按撤诉处理？

当事人申请撤诉或按撤诉处理会产生哪些法律后果？

什么是发回重审？

什么是《中华人民共和国民事诉讼法》规定的“严重违反法定程序”和“基本事实”？

什么是民事再审？哪些机关有权提起再审？

对当事人提起再审的期限有什么要求？

二、相关知识

问：因电磁辐射要求赔偿应当提供哪些证据？

答：因电磁辐射污染的被侵权人请求赔偿时，应当提供证明以下事实的证据材料：

1. 污染者排放了污染物；

2. 被侵权人的损害事实；

3. 污染者排放的污染物或者其次生污染物与损害之间具有关联性。

三、与案件相关的法律问题

（一）学理知识

问：什么是民事诉讼撤诉？申请撤诉要符合哪些条件？

答：民事诉讼撤诉是指在法院受理案件之后，宣告判决之前，当事人要求撤回其起诉的行为。撤诉包括申请撤诉和按撤诉处理。

申请撤诉是当事人在法院立案受理后宣判前，向法院提出撤回其起诉、上诉、反诉等申请的诉讼行为。

申请撤诉的条件：

1. 申请人必须是合格的主体，包括原告、有独立请求权的第三人、提出反诉的被告、法定诉讼代理人、经当事人特别授权的诉讼代理人。

2. 撤诉必须是当事人自愿。

3. 撤诉应当在法定期限内做出。当事人在法院立案受理后宣判前，可以向法院提出撤诉。

4. 撤诉必须由法院作出裁定。

宣判前，原告申请撤诉的，是否准许，由人民法院裁定。

人民法院裁定不准许撤诉的，原告经传票传唤，无正当理由拒不到庭的，可以缺席判决。

问：什么是民事诉讼按撤诉处理？哪些情况按撤诉处理？

答：按撤诉处理是指当事人没有提出撤诉申请，但其在诉讼中的一定行为已经表明不愿意继续进行民事诉讼，法院依法决定撤销案件不予审理的行为。

以下情况按撤诉处理：

1. 原告经传票传唤，无正当理由拒不到庭。

2. 原告未经法庭许可中途退庭。

3. 原告应预交而未预交案件受理费，法院应当通知其预交，通知后仍不交纳，或申请缓、减、免未获人民法院批准仍不交纳诉讼费用的，按撤诉处理。

4. 无民事行为能力的原告的法定代理人，经法院传票传唤无正当理由拒不到庭的，可按撤诉处理。

5. 有独立请求权的第三人经法院传票传唤，无正当理由拒不到庭的，或未经法庭许可中途退庭的，可按撤诉处理。

问：当事人申请撤诉或按撤诉处理会产生哪些法律后果？

答：当事人申请撤诉或按撤诉处理的，会有以下法律后果：

1. 终结诉讼程序，法院不能对案件再继续审理作出判决。

2. 从法院裁定准予撤诉之日起，诉讼时效重新开始计算。

3. 诉讼费用由撤诉的当事人负担。撤诉的当事人负担诉讼费用，减半收取。

问：什么是发回重审？

答：发回重审是二审法院经过对一审上诉案件审理，认为一审法院的判决认定基本事实不清的，或者原判决遗漏当事人或者违法缺席判决等严重违反法定程序的，裁定撤销原判决，将案件发回原审法院重新审理的审判制度。

原审法院对发回重审的案件作出判决后，当事人提起上诉的，第二审法院不得再次发回重审。

《中华人民共和国民事诉讼法》第一百七十条规定，“原判决认定基本事实不清的，裁定撤销原判决，发回原审人民法院重审，或者查清事实后改判；原判决遗漏当事人或者违法缺席判决等严重违反法定程序的，裁定撤销原判决，发回原审人民法院重审。原审人民法院对发回重审的案件作出判决后，当事人提起上诉的，第二审人民法院不得再次发回重审。”

问：什么是《中华人民共和国民事诉讼法》规定的“严重违反法定程序”和“基本事实”？

答：下列情形，可以认定为《中华人民共和国民事诉讼法》第一百七十条第一款第（四）项规定的“严重违反法定程序”：

1. 审判组织的组成不合法的；

2. 应当回避的审判人员未回避的；

3. 无诉讼行为能力人未经法定代理人代为诉讼的；

4. 违法剥夺当事人辩论权利的。

《中华人民共和国民事诉讼法》第一百七十条第一款第（三）项规定的“基本事实”，是指用以确定当事人主体资格、案件性质、民事权利义务等对原判决、裁定的结果有实质性影响的事实。

问：什么是民事再审？哪些机关有权提起再审？

答：民事再审程序即民事审判监督程序，是指对已经发生法律效力的判决、裁定、调解书，法院认为确有错误，对案件再行审理的程序。

再审由特定机关提起。特定机关包括各级法院院长、审判委员会、上级法院、最高法院；最高检察院、上级检察院、地方各级检察院。

第一，依据审判监督权提起的机关

各级人民法院院长对本院已经发生法律效力的判决、裁定、调解书，发现确有错误，认为需要再审的，应当提交审判委员会讨论决定。

最高人民法院对地方各级人民法院已经发生法律效力的判决、裁定、调解书，上级人民法院对下级人民法院已经发生法律效力的判决、裁定、调解书，发现确有错误的，有权提审或者指令下级人民法院再审。

第二，依据检察监督权提起的机关

最高人民检察院对各级人民法院已经发生法律效力的判决、裁定，上级人民检察院对下级人民法院已经发生法律效力的判决、裁定，发现有《中华人民共和国民事诉讼法》第二百条规定情形之一的，或者发现调解书损害国家利益、社会公共利益的，应当提出抗诉。

地方各级人民检察院对同级人民法院已经发生法律效力的判决、裁定，发现有《中华人民共和国民事诉讼法》第二百条规定情形之一的，或者发现调解书损害国家利益、社会公共利益的，可以向同级人民法院提出检察建议，并报上级人民检察院备案；也可以提请上级人民检察院向同级人民法院提出抗诉。

各级人民检察院对审判监督程序以外的其他审判程序中审判人员的违法行为，有权向同级人民法院提出检察建议。

问：对当事人提起再审的期限有什么要求？

答：当事人申请再审，应当在判决、裁定发生法律效力后六个月内提出。

（二）法院裁判的理由

法院认为，某电网有限公司建设并经某送变电工程公司承建的500千伏输变电工程，其电线与张某房屋距离大于5米，该距离符合相关技术指标，线路产生的工频电场强度、工频磁感应强度、无线电干扰符合相应技术规程要求，并未发生损害事实和存在严重危险，张某也没有任何证据证明线路电磁辐射对其人身及财产造成损害的事实，故张某要求消除因架设高压输电线路产生的电磁辐射的影响及如无法消除则请求对其进行异地安置的诉讼请求，法院不予支持。

重审诉讼中，法院委托某环保技术咨询有限公司进行工频电磁场监测，法院组织各方当事人及监测机构现场监测，选取监测点位时张某未提出任何异议，监测后当事人均在现场测量记录表上签字确认。《监测报告》的监测结果是张某家电磁场符合国家标准《电磁环境控制限值》（GB 8702–2014）中关于工频交流输变电项目标准限值工频电场强度4kV/m和工频磁感应强度100 μT标准限值的要求。

本案属于环境污染责任类纠纷，作为被侵权人的张某应当提供以下证据：1. 污染者排放了污染物；2. 被侵权人的损害事实；3. 污染者排放的污染物或者其次生污染物与损害之间具有关联性的证据材料。但是张某没能提供上述证据。

故此，法院判决驳回张某的诉讼请求，并由张某支付监测费10,000元，案件受理费100元也由张某承担。

（三）法院裁判的法律依据

《中华人民共和国民事诉讼法》：

第一百七十条　第二审人民法院对上诉案件，经过审理，按照下列情形，分别处理：

（一）原判决、裁定认定事实清楚，适用法律正确的，以判决、裁定方式驳回上诉，维持原判决、裁定；

（二）原判决、裁定认定事实错误或者适用法律错误的，以判决、裁定方式依法改判、撤销或者变更；

（三）原判决认定基本事实不清的，裁定撤销原判决，发回原审人民法院重审，或者查清事实后改判；

（四）原判决遗漏当事人或者违法缺席判决等严重违反法定程序的，裁定撤销原判决，发回原审人民法院重审。

原审人民法院对发回重审的案件作出判决后，当事人提起上诉的，第二审人民法院不得再次发回重审。

（四）上述案例的启示

法院没有支持本案张某的诉讼请求，张某败诉的根本原因是没有提供法律规定的证据材料。

本案属于环境污染责任纠纷，因污染环境造成损害的污染者应当承担侵权责任。污染者应当就法律规定的不承担责任或者减轻责任的情形及其行为与损害之间不存在因果关系承担举证责任。本案中被告提供了由东北电力科学研究院有限公司出具的测试报告，完成了举证责任，而张某没有提供证据证明电磁辐射超标，也没有提供证据证明本人因电磁辐射遭受身体损害的事实，因此，法院判决驳回了张某的诉讼请求。

案例五　误操作致人损伤，受害人要求赔偿

一、引子和案例

（一）案例简介

本案例是因未按规定程序操作，使人受到辐射照射而引起的纠纷。

2016年7月7日，张某与案外人庞某受被告某辐照公司委托维修辐照室外电机，另检修辐照室内漏水管道问题。

当日上午，被告工作人员带领张某进入辐照室，确认维修任务和位置。下午，张某与庞某到某辐照公司车间维修辐照室外电机，后于17时30分通过货物通道进入辐照室。17时35分左右，被告工作人员郭某就餐完毕后未按规定进行安全巡检即启动电子加速器，造成张某及庞某受到辐射照射。被告随即将张某及庞某送往307医院住院治疗。

张某住院102天，诊断结果为"急性放射性皮肤损伤（深Ⅱ°–Ⅲ°，43%）、骨髓型中度急性放射病、急性辐射性眼损伤"。张某在该医院花费医疗费共计536,985.57元。后张某转至第四医院继续住院治疗，支付救护费用2,200元。张某在第四医院诊断结果为继发慢性创面。截至2017年5月15日，张某在第四医院共花费医疗费508,341.19元。截至2017年5月15日，被告在张某治疗期间为原告垫付费用共

计 1,082,704.77 元。其中，在 307 医院垫付医疗费 386,032 元，给付原告 226,000 元（原告自此款中为庞某支付医疗费 137,301.32 元），在第四医院给付原告 470,550 元，在中医科学院眼科医院为原告支付医疗费 122.77 元。

此外，原告在 307 医院治疗期间，被告为原告家属支付陪床费 350 元，为原告饭卡充值 3,500 元。

2016 年 9 月 14 日，天津市环境保护局对被告作出行政处罚决定书，认定被告行为违反了《放射性同位素与射线装置安全和防护条例》《放射性同位素与射线装置安全和防护管理办法》多项规定，违法情节严重，责令被告立即改正违法行为，并处 20 万元罚款，吊销被告辐射安全许可证。

张某向法院提出诉讼请求：1. 请求依法判令被告赔偿原告截至 2017 年 5 月 15 日的医疗费 162,434.19 元、住院伙食补助费 31,300 元、误工费 125,200 元、护理费 187,800 元、营养费 15,650 元、交通费 5,000 元、复印费 46 元，共计 527,430.19 元；2. 诉讼费由被告承担。原告为支持其诉讼请求向法庭提交了相关证据。

某辐照公司辩称，原告对损害结果有过错，不能由被告承担全部责任，对于原告合理合法的经济损失按事故责任比例承担赔偿责任。被告针对其答辩意见提交了相关证据。

（二）裁判结果

法院依照相关规定，判决如下：1. 被告某辐照公司于本判决生效后十日内赔偿原告张某截至 2017 年 5 月 15 日的医疗费、误工费、住院伙食补助费、护理费、交通费、营养费等共计 302,060.11 元。2. 驳回原告张某的其他诉讼请求。如果未按本判决指定的期间履行给付金钱义务，应当加倍支付迟延履行期间的债务利息。案件受理费 2,936 元，减半收取 1,468 元，由原告张某负担 632 元，由被告某辐照公司负担 836 元。

（三）与案例相关的问题：

我国关于放射性污染防治的法律法规有哪些？

辐射事故分几个等级？

辐射污染受害者人身损害赔偿的数额如何确定？

生产、销售、使用放射性同位素和射线装置的单位申请领取许可证，应当具备哪些条件？

放射性同位素与射线装置的安全和防护状况年度评估报告应当包括哪些内容？

二、相关知识

问：我国关于放射性污染防治的法律法规有哪些？

答：目前，我国核安全法律法规已形成了 1 法 7 条例和若干部门规章的较为完整的体系。比较重要的包括《中华人民共和国放射性污染防治法》《中华人民共和国民用核设施安全监督管理条例》《核电厂核事故应急管理条例》《中华人民共和国核材料管制条例》《民用核安全设备监督管理条例》《放射性同位素与射线装置安全和防护条例》《放射性物品运输安全管理条例》《放射性废物安全管理条例》等。

问：辐射事故分几个等级？

答：辐射事故是指放射源丢失、被盗、失控，或者放射性同位素和射线装置失控，导致人员、物品受到意外的异常照射，或者有环境污染后果。

根据辐射事故的性质、严重程度、可控性和影响范围等因素，从重到轻将辐射事故分为特别重大辐射事故、重大辐射事故、较大辐射事故和一般辐射事故四个等级。

特别重大辐射事故是指Ⅰ类、Ⅱ类放射源丢失、被盗、失控造成大范围严重辐射污染后果，或者放射性同位素和射线装置失控导致3人以上（含3人）急性死亡。

重大辐射事故是指Ⅰ类、Ⅱ类放射源丢失、被盗、失控，或者放射性同位素和射线装置失控导致2人以下（含2人）急性死亡或者10人以上（含10人）急性重度放射病、局部器官残疾。

较大辐射事故是指Ⅲ类放射源丢失、被盗、失控，或者放射性同位素和射线装置失控导致9人以下（含9人）急性重度放射病、局部器官残疾。

一般辐射事故是指Ⅳ类、Ⅴ类放射源丢失、被盗、失控，或者放射性同位素和射线装置失控导致人员受到超过年剂量限值的照射。

三、与案件相关的法律问题

（一）学理知识

问：辐射污染受害者人身损害赔偿的数额如何确定？

答：辐射污染受害者遭受人身损害，可以向侵权人因就医治疗支出的各项费用以及因误工减少的收入要求赔偿，包括医疗费、误工费、护理费、交通费、住宿费、住院伙食补助费、必要的营养费。

受害人提出的赔偿范围和数额要有法律依据，否则不会得到法院的支持。

1. 医疗费，是指为了使直接遭受人身伤害的人恢复健康，进行医疗诊治的过程中所花费的必要费用。

医疗费根据医疗机构出具的医药费、住院费等收款凭证，结合病历和诊断证明等相关证据确定。

2. 护理费，是指受害人因遭受相当程度的人身损害，根据医院的意见或司法鉴定，委派专人对其进行护理，并因此所需支出的费用。

护理费根据护理人员的收入状况和护理人数、护理期限确定。护理人员有收入的，参照误工费的规定计算；护理人员没有收入或者雇佣护工的，参照当地护工从事同等级别护理的劳务报酬标准计算。护理人员原则上为一人，但医疗机构或者鉴定机构有明确意见的，可以参照确定护理人员人数。

护理期限应计算至受害人恢复生活自理能力时止。受害人因残疾不能恢复生活自理能力的，可以根据其年龄、健康状况等因素确定合理的护理期限，但最长不超过二十年。

受害人定残后的护理，应当根据其护理依赖程度并结合配制残疾辅助器具的情况确定护理级别。

3. 交通费，指受害人及其必要的陪护人员因就医或者转院治疗所实际发生的用于交通的费用。交通费由车辆购置税、养路费、车船使用税、过路费、油费、保险费、日常维修保养费用等构成。

交通费根据受害人及其必要的陪护人员因就医或者转院治疗实际发生的费用计算。交通费应当以正式票据为凭；有关凭据应当与就医地点、时间、人数、次数相符合。

4. 住院伙食补助费，是指受害人遭受人身损害后，因其在医院治疗期间支出的伙食费用超过平时在家的伙食费用，而由加害人就其合理的超出部分予以赔偿的费用。

住院伙食补助费可以参照当地国家机关一般工作人员的出差伙食补助标准予以确定。

受害人确有必要到外地治疗，因客观原因不能住院，受害人本人及其陪护人员实际发生的住宿费和伙食费，其合理部分应予赔偿。

5. 营养费，是受害人通过平常饮食以外的营养品作为对身体补充而支出的费用。根据受害人的伤情、年龄及治疗等情况，参照住院伙食补助费的标准酌情确认营养费的标准。

6. 误工费，是指受害人因遭受人身伤害，不能进行正常工作、经营而丧失的工资收入或者经营收入。误工费根据受害人的误工时间和收入状况确定。

误工时间根据受害人接受治疗的医疗机构出具的证明确定。受害人因伤致残持续误工的，误工时间可以计算至定残日前一天。受害人有固定收入的，误工费按照实际减少的收入计算。受害人无固定收入的，按照其最近三年的平均收入计算；受害人不能举证证明其最近三年的平均收入状况的，可以参照受诉法院所在地相同或者相近行业上一年度职工的平均工资计算。

此外，如果受害人因伤致残的，其因增加生活上需要所支出的必要费用以及因丧失劳动能力导致的收入损失，包括残疾赔偿金、残疾辅助器具费、被扶养人生活费，以及因康复护理、继续治疗实际发生的必要的康复费、护理费、后续治疗费，赔偿义务人也应当予以赔偿。

如果受害人死亡的，还应当赔偿丧葬费、被扶养人生活费、死亡补偿费以及受害人亲属办理丧葬事宜支出的交通费、住宿费和误工损失等其他合理费用。

问：生产、销售、使用放射性同位素和射线装置的单位申请领取许可证，应当具备哪些条件？

答：生产、销售、使用放射性同位素和射线装置的单位申请领取许可证，应当具备下列条件：

1. 有与所从事的生产、销售、使用活动规模相适应的，具备相应专业知识和防护知识及健康条件的专业技术人员；

2. 有符合国家环境保护标准、职业卫生标准和安全防护要求的场所、设施和设备；

3. 有专门的安全和防护管理机构或者专职、兼职安全和防护管理人员，并配备必要的防护用品和监测仪器；

4. 有健全的安全和防护管理规章制度、辐射事故应急措施；

5. 产生放射性废气、废液、固体废物的，具有确保放射性废气、废液、固体废物达标排放的处理能力或者可行的处理方案。

问：放射性同位素与射线装置的安全和防护状况年度评估报告应当包括哪些内容？

答：生产、销售、使用放射性同位素与射线装置的单位，应当对本单位的放射性同位素与射线装置的安全和防护状况进行年度评估，并于每年1月31日前向发证机关提交上一年度的评估报告。

安全和防护状况年度评估报告应当包括下列内容：

1. 辐射安全和防护设施的运行与维护情况；

2. 辐射安全和防护制度及措施的制定与落实情况；

3. 辐射工作人员变动及接受辐射安全和防护知识教育培训情况；

4. 放射性同位素进出口、转让或者送贮情况以及放射性同位素、射线装置台账；

5. 场所辐射环境监测和个人剂量监测情况及监测数据；

6. 辐射事故及应急响应情况；

7. 核技术利用项目新建、改建、扩建和退役情况；

8. 存在的安全隐患及其整改情况；

9. 其他有关法律、法规规定的落实情况。

年度评估发现安全隐患的，应当立即整改。

（二）法院裁判的理由

法院认为，公民享有生命健康权。占有或者使用易燃、易爆、剧毒、放射性等高度危险物造成他人损害的，占有人或者使用人应当承担侵权责任，但能够证明损害是因受害人故意或者不可抗力造成的，不承担责任。被侵权人对损害的发生有重大过失的，可以减轻占有人或者使用人的责任。

本案中，张某受某辐照公司委托修理辐照室外设备及检修辐照室内漏水管道问题。张某进入辐照室时，加速器并未工作，不存在故意和重大过失的行为。

某辐照公司的加速器操作员郭某未进行过辐射安全培训及考核，擅自运行加速器；报警装置没有启动，门机联锁装置失效，辐照设备没有断电；在不需要用小车辐照货物时没有锁闭货物通道，这些行为违反了相关法规的规定，且违法情节严重。安全制度不落实，是造成本次事故的原因，故被告应承担全部侵权责任。

按照《最高人民法院关于审理人身损害赔偿案件适用法律若干问题的解释》的规定，受害人遭受人身损害，因就医治疗支出的各项费用以及因误工减少的收入，包括医疗费、误工费、护理费、交通费等，赔偿义务人应当予以赔偿。所以，法院判决某辐照公司赔付张某的经济损失。

（三）法院裁判的法律依据

《中华人民共和国侵权责任法》：

第二条　侵害民事权益，应当依照本法承担侵权责任。

本法所称民事权益，包括生命权、健康权、姓名权、名誉权、荣誉权、肖像权、隐私权、婚姻自主权、监护权、所有权、用益物权、担保物权、著作权、专利权、商标专用权、发现权、股权、继承权等人身、财产权益。

第十六条　侵害他人造成人身损害的，应当赔偿医疗费、护理费、交通费等为治疗和康复支出的合理费用，以及因误工减少的收入。造成残疾的，还应当赔偿残疾生活辅助器具费和残疾赔偿金。造成死亡的，还应当赔偿丧葬费和死亡赔偿金。

第七十二条　占有或者使用易燃、易爆、剧毒、放射性等高度危险物造成他人损害的，占有人或者使用人应当承担侵权责任，但能够证明损害是因受害人故意或者不可抗力造成的，不承担责任。被侵权人对损害的发生有重大过失的，可以减轻占有人或者使用人的责任。

《最高人民法院关于审理人身损害赔偿案件适用法律若干问题的解释》：

第十七条第一款　受害人遭受人身损害，因就医治疗支出的各项费用以及因误工减少的收入，包括医疗费、误工费、护理费、交通费、住宿费、住院伙食补助费、必要的营养费，赔偿义务人应当予以赔偿。

第十九条第一款　医疗费根据医疗机构出具的医药费、住院费等收款凭证，结合病历和诊断证明等相关证据确定。赔偿义务人对治疗的必要性和合理性有异议的，应当承担相应的举证责任。

第二十一条第一款　护理费根据护理人员的收入状况和护理人数、护理期限确定。

第二十二条　交通费根据受害人及其必要的陪护人员因就医或者转院治疗实际发生的费用计算。交通费应当以正式票据为凭；有关凭据应当与就医地点、时间、人数、次数相符合。

第二十三条　住院伙食补助费可以参照当地国家机关一般工作人员的出差伙食补助标准予以确定。

受害人确有必要到外地治疗，因客观原因不能住院，受害人本人及其陪护人员实际发生的住宿费和伙食费，其合理部分应予赔偿。

第二十四条　营养费根据受害人伤残情况参照医疗机构的意见确定。

《最高人民法院关于适用〈中华人民共和国民事诉讼法〉的解释》：

第九十条　当事人对自己提出的诉讼请求所依据的事实或者反驳

对方诉讼请求所依据的事实，应当提供证据加以证明，但法律另有规定的除外。

在作出判决前，当事人未能提供证据或者证据不足以证明其事实主张的，由负有举证证明责任的当事人承担不利的后果。

《中华人民共和国民事诉讼法》：

第二百五十三条　被执行人未按判决、裁定和其他法律文书指定的期间履行给付金钱义务的，应当加倍支付迟延履行期间的债务利息。被执行人未按判决、裁定和其他法律文书指定的期间履行其他义务的，应当支付迟延履行金。

（四）上述案例的启示

本案中，某辐照公司发生Ⅱ类辐照加速器辐照事故，致使张某和庞某受到伤害，是因为该公司的安全制度未能落实。相关单位应该吸取教训，健全落实安全生产管理制度，严格按照相关规定执行。

我国的《放射性同位素与射线装置安全和防护条例》明确要求，“生产、销售、使用、贮存放射性同位素和射线装置的场所，应当按照国家有关规定设置明显的放射性标志，其入口处应当按照国家有关安全和防护标准的要求，设置安全和防护设施以及必要的防护安全联锁、报警装置或者工作信号。射线装置的生产调试和使用场所，应当具有防止误操作、防止工作人员和公众受到意外照射的安全措施。放射性同位素的包装容器、含放射性同位素的设备和射线装置，应当设置明显的放射性标识和中文警示说明；放射源上能够设置放射性标识的，应当一并设置。运输放射性同位素和含放射源的射线装置的工具，应当按照国家有关规定设置明显的放射性标志或者显示危险信号。”

这个案例，对其他当事人也是个警示，为了自身的生命安全，要提高警惕，将生产安全意识、生命安全意识放在第一位。

第二部分　行政篇

案例一 射线装置超许可，公司受行政处罚

一、引子和案例

（一）案例简介

超出许可范围从事经营活动，会被行政处罚。

被告S市环保局于2011年5月30日向原告A公司核发X环辐证（31769）《辐射安全许可证》，许可原告使用1台型号为XY-2515的Ⅱ类X射线探伤机。2014年10月27日，被告发现原告持有3台X射线探伤机，即要求原告于2015年1月27日前整改，对超出许可范围的2台射线装置予以处置或者办理许可证变更。2015年5月19日，被告在对原告现场执法检查时发现，原告仍在使用1台未经许可的型号为XXH-2505的Ⅱ类周向X射线探伤机。被告执法人员遂要求原告停止使用，补办相关环保手续，并在2015年8月31日前完成整改。经调查查明，原告于2012年4月24日经B公司转让取得涉案的型号为XXH-2505的X射线探伤机，并使用至今，但未产生经济效益。被告认定原告不按照许可证的规定，超出许可证范围使用1台Ⅱ类射线装置的行为，违反了《放射性同位素与射线装置安全和防护条例》第十五条第一款的规定，依据该条例第五十二条第（二）项的规定，拟

对原告罚款 55,000 元。

2015 年 8 月 20 日，被告向原告发出听证告知书，告知原告拟处罚结果及要求听证的权利。经原告申请，被告于 2015 年 9 月 7 日举行听证。经听证审查，被告认为原告改变射线装置的使用范围，未按照规定重新申请领取许可证，上述行为违反了《放射性同位素与射线装置安全和防护条例》第十二条第（一）项的规定，依据该条例第五十二条第（三）项的规定，拟对原告作出罚款 55,000 元的行政处罚。原告不服该处罚，遂诉至法院。

（二）裁判结果

法院认为，原告要求撤销被诉行政处罚决定的诉讼请求，缺乏事实与法律依据，法院依法不予支持。依据《中华人民共和国行政诉讼法》第六十九条的规定，判决驳回原告 A 公司的诉讼请求。

（三）与案例相关的问题：

X 光安检仪会不会产生辐射残留，影响健康？

什么是行政裁决？

什么是行政调解？

什么是听证程序？

听证程序如何适用？

放射性污染与哪些具体行政行为有所关联？

二、相关知识

问：X 光安检仪会不会产生辐射残留，影响健康？

答：行李 X 光安检虽有辐射痕迹，但是对行李的影响是可以忽略不计的。扫描后，行李不会残留任何放射性物质，扫描后的食物不会对人体健康造成危害。此外，一些新鲜包装食品通过辐射和 γ 射线杀菌，可以保持新鲜，没有任何辐射残留。

三、与案件相关的法律问题

（一）学理知识

问：什么是行政裁决？

答：行政裁决是指行政机关或法定授权的组织，依照法律授权，对当事人之间发生的、与行政管理活动密切相关的民事纠纷进行审查，并作出裁决的具体行政行为，是解决民事纠纷的一种重要方式。

问：什么是行政调解？

答：行政调解是在国家行政机关的主持下，以当事人双方自愿为基础，由行政机关主持，以国家法律、法规及政策为依据，以自愿为原则，通过对争议双方的说服与劝导，促使双方当事人互让互谅、平等协商、达成协议，以解决有关争议而达成和解协议的活动。

问：什么是听证程序？

答：行政听证程序是指行政机关在做出重大的、影响相对人权利义务关系的决定之前，听取当事人陈述、申辩和质证，然后根据双方质证、核实的材料做出行政决定的一种程序。行政听证程序的目的在于弄清事实，发现真相，给予当事人就重要的事实表现意见的机会。

问：听证程序如何适用？

答：听证程序只适用于较为严重的行政处罚，例如吊销证照、较大数额罚款等。当事人于收到告知后3日内向行政机关提出听证申请。听证由非本案人员主持，并且进行辩论。听证中出示的证据、进行的辩论被归纳为听证笔录，并且作为处罚的依据之一。当事人不承担听证的任何费用。

问：放射性污染与哪些具体行政行为有所关联？

答：与放射性污染相关联的具体行政行为主要包括行政许可行为、行政处罚行为和行政奖励行为。

首先是行政许可行为。行政机关向民用核设施及核设施操纵员颁发“许可证”的行为，就是行政许可行为，也就是行政机关经过审查、评估，同意该核设施的建设、运营。

其次是行政处罚行为。行政机关没收某无照违法运营的核设施的经营所得并且处以罚款、对相关责任人处以行政拘留或是对某核设施偷排污水、固体废物的行为予以罚款，并责令暂时停产停业进行整改的行为，都是我们所称的行政处罚行为。

最后是行政奖励行为。对保证核设施安全有显著成绩和贡献的单位和个人，国家核安全局或核设施主管部门应给予适当的奖励，这种奖励就是一种行政奖励行为。

（二）法院裁判的理由

法院认为，被告经现场检查、立案、调查审理、告知和听证等程序，作出被诉行政处罚决定，其执法程序合法。根据原告于2011年5月30日取得的《辐射安全许可证》，原告可使用1台型号为XY-2515的Ⅱ类X射线探伤机从事经营活动。现原告在此范围之外又使用了1台型号为XXH-2505的Ⅱ类周向X射线探伤机，且未重新申请领取许可证，其行为违反了《放射性同位素与射线装置安全和防护条例》第十二条第（一）项的规定，被告决定依据该条例第五十二条第（三）项的规定，对原告作出罚款的行政处罚，认定事实清楚，证据确凿，适用法律正确。

关于原告提出已经及时整改且未造成不良危害后果，被告应当不予处罚的申辩理由，法院认为：首先，原告在2014年10月即已被发现存在违法行为，直至被告于 2015 年 5 月 19 日进行现场检查时，原告的违法行为仍然存在；其次，国家对射线装置实施严格管理。Ⅱ类 X 射线探伤机属于中危险的射线装置，对人体健康和环境的潜在危害较大，发生事故时可能使受照人员产生较严重的放射损伤。原告自 2012 年 4 月起即改变了许可活动的范围，其违法行为不符合《中华人民共和国行政处罚法》第二十七条规定应当从轻、减轻或者免予处罚的情形，因此，被告依据《放射性同位素与射线装置安全和防护条例》第五十二条之规定，在法定 1 万元至 10 万元的裁量幅度内，对原告处以罚款 55,000 元的处罚，裁量适当。

综上，原告要求撤销被诉行政处罚决定的诉讼请求，缺乏事实与法律依据，法院依法不予支持。依据《中华人民共和国行政诉讼法》第六十九条的规定，判决驳回原告 A 公司的诉讼请求。

（三）法院裁判的法律依据

《放射性同位素与射线装置安全和防护条例》（2014 年版）：

第十二条　有下列情形之一的，持证单位应当按照原申请程序，重新申请领取许可证：

（一）改变所从事活动的种类或者范围的；

（二）新建或者改建、扩建生产、销售、使用设施或者场所的。

第五十二条第一款第（三）项　违反本条例规定，生产、销售、使用放射性同位素和射线装置的单位有下列行为之一的，由县级以上人民政府环境保护主管部门责令停止违法行为，限期改正；逾期不改正的，责令停产停业或者由原发证机关吊销许可证；有违法所得的，没收违法所得；违法所得 10 万元以上的，并处违法所得 1 倍以上 5 倍以下的罚款；没有违法所得或者违法所得不足 10 万元的，并处 1 万元以上 10 万元以下的罚款：

（三）改变所从事活动的种类或者范围以及新建、改建或者扩建生产、销售、使用设施或者场所，未按照规定重新申请领取许可证的。

《中华人民共和国行政处罚法》：

第二十七条第一款第（一）项　当事人有下列情形之一的，应当依法从轻或者减轻行政处罚：

（一）主动消除或者减轻违法行为危害后果的。

《中华人民共和国行政诉讼法》：

第六十九条　行政行为证据确凿，适用法律、法规正确，符合法定程序的，或者原告申请被告履行法定职责或者给付义务理由不成立的，人民法院判决驳回原告的诉讼请求。

（四）上述案例的启示

行政机关在处罚相对人之前，一定要履行“告知义务”。

行政处罚“告知义务”制度是指行政机关在作出行政处罚决定前，将其掌握的有关行为人的违法事实、证据材料、拟作出行政处罚决定的理由和法律依据以及当事人所享有的有关权利告诉当事人，使其知晓的法律制度。

当事人有被告知的权利，行政机关在行政执法中如不履行告知程序，则行政处罚无效。其重要意义在于给当事人以针对事实、理由和依据进行陈述申辩的机会。保障“告知义务”制度的有效运作，有利于相对人在处罚实施的过程中享有的权利得到充分的保障，这是确定行政处罚的公开性、公正性、合法性的前提和基础，能有效防止行政主体在实施处罚过程中滥用职权行为的发生。

案例二 装置未获许可证，不服处罚提诉讼

一、引子和案例

（一）案例简介

申领许可证应提前进行，先买后领违反法律规定。

A医院于2011年9月由Y区Y镇S街371号搬迁到Y区Y镇H路1号。搬迁前A医院就使用的三台Ⅲ类射线装置向Z市环保局办理了《辐射安全许可证》（X环辐证〔05002〕）。搬迁到新址后，A医院于2011年9月至2012年9月间，陆续购置了三台Ⅲ类射线装置。Z市环保局认定A医院放射科使用的以上三台Ⅲ类医用射线装置项目属核技术利用项目，在2013年7月前未领取《辐射安全许可证》，该行为涉嫌违反了《放射性同位素与射线装置安全和防护条例》第十二条第一款第（二）项之规定，依据《放射性同位素与射线装置安全和防护条例》第五十二条第一款第（三）项之规定，作出没收违法所得172,566.10元，并处违法所得一倍即172，566.10元的罚款的具体行政行为。A医院不服，向法院提起行政诉讼。

另查明，2012年4月，A医院工作人员到Z市环保局咨询过申领《辐射安全许可证》事宜，因当时还有一台CT机没有到位，型号、参数

不清楚，Z 市环保局工作人员口头同意待C T机到位后再提交申报材料。2012 年 9 月,A 医院又提交申报材料，但因填写不规范被退回重填。2013 年 7 月 12 日，A 医院再次提交申报材料，Z 市环保局予以受理。

Z 市环保局根据《中华人民共和国行政处罚法》的规定举行了听证会，听证后于 2013 年 11 月 29 日对 A 医院作出了行政处罚的具体行政行为。

（二）裁判结果

法院依照《中华人民共和国行政诉讼法》（1990 年版）第五十四条“人民法院经过审理，根据不同情况，分别作出以下判决:（四）行政处罚显失公正的，可以判决变更”的规定，判决变更 Z 市环保局 2013 年 11 月 29 日作出的行政处罚决定，改为罚款人民币 20,000 元。

（三）与案例相关的问题:

什么是放射性活度、吸收剂量和有效剂量?

什么是行政赔偿?

行政赔偿的方式有哪些?

如何申请行政赔偿?

什么是行政赔偿的时效?

二、相关知识

问: 什么是放射性活度、吸收剂量和有效剂量?

答: 放射性活度是指放射性元素或同位素每秒衰变的原子数，单位是贝可勒尔，简称贝可（Bq）。

吸收剂量是指射线与物体发生相互作用时，单位质量的物体所吸收的辐射能量，单位是戈瑞（Gy），1Gy=1 焦耳/千克。

有效剂量是指在全身受到非均匀照射的情况下，受照组织或器官的当量剂量与相应的组织权重因子乘积的总和。有效剂量的国际单位是焦耳每千克，专门名称是希沃特（Sievert，Sv），是以瑞典著名的核物理学家希沃特的名字命名的。

三、与案件相关的法律问题

（一）学理知识

问：什么是行政赔偿？

答：行政赔偿是指行政主体违法实施行政行为，侵犯相对人合法权益造成损害时由国家承担的一种赔偿责任。只有行政行为，即行政主体行使行政权、执行公务的行为，才能构成行政赔偿。非行政行为，如立法机关的立法行为、司法机关的司法行为、行政机关的民事行为及行政人员的个人行为等，均不能构成行政赔偿。

问：行政赔偿的方式有哪些？

答：行政赔偿的方式包括以下几点：1. 支付赔偿金，也称“金钱赔偿”，是将被害人的损失折抵为金钱进行赔偿的方式；2. 返还财产，是指将行政机关违法占有的财产返还给受害人；3. 恢复原状；4. 消除影响、恢复名誉、赔礼道歉。

问：如何申请行政赔偿？

答：申请行政赔偿应当提交赔偿申请书。赔偿申请书上应当记载受害人的姓名、性别、年龄、工作单位、住所、申请的年月日、具体的要求、事实根据和理由。

问：什么是行政赔偿的时效？

答：行政赔偿的时效是指赔偿请求人行使赔偿请求权的有效期限。在此期限内，赔偿请求人如果不行使请求权，就丧失了得到行政赔偿的权利。《中华人民共和国国家赔偿法》规定赔偿请求人请求国家赔偿的时效为两年，自其知道或者应当知道国家机关及其工作人员行使职权时的行为侵犯其人身、财产权利之日起计算，但被羁押等限制人身自由的期间不计算在内。

（二）法院裁判的理由

本案证据表明，原告搬迁到新址后陆续购置了三台Ⅲ类射线装置，这些装置投入正式运营后都未取得《辐射安全许可证》，其违法行为客观存在，被告认定原告未重新申请领取《辐射安全许可证》并无不当，但应与“完全未申请”应有所区别；被告依据A医院提供的财务资料，根据《环境行政处罚办法》第七十七条的规定，认定原告违法所得金额为172,566.10元并无不妥，但根据《医疗设备折旧管理制度》《医院财务管理制度》，加之A医院属非营利性医疗机构，原告主张的扣除设备折旧费等支出后的金额为违法所得更为合理和妥当。

关于原告提出被告作出的行政处罚违法的问题，从本案查明的事实看，被告作出行政处罚是根据《放射性同位素与射线装置安全和防护条例》《环境行政处罚办法》《中华人民共和国行政处罚法》等法律法规的规定作出的，其认定事实基本清楚，程序合法，适用法律、法规正确，被告的违法行为应当给予行政处罚，但是原告搬新址后多次咨询、申请领取《辐射安全许可证》，其违法情节与“完全没有申领”相比显著轻微，也没有造成危害后果，根据《中华人民共和国行政处罚法》第二十七条的规定，应当减轻处罚，因此，被告对原告作出的行政处罚显失公正。

（三）法院裁判的法律依据

《环境行政处罚办法》：

第七十七条　当事人违法所获得的全部收入扣除当事人直接用于

经营活动的合理支出，为违法所得。

法律、法规或者规章对“违法所得”的认定另有规定的，从其规定。

《中华人民共和国行政诉讼法》：

第二条　公民、法人或者其他组织认为行政机关和行政机关工作人员的具体行政行为侵犯其合法权益，有权依照本法向人民法院提起诉讼。

《中华人民共和国行政复议法》：

第二条　公民、法人或者其他组织认为具体行政行为侵犯其合法权益，向行政机关提出行政复议申请，行政机关受理行政复议申请、作出行政复议决定，适用本法。

《中华人民共和国行政处罚法》：

第二十七条　当事人有下列情形之一的，应当依法从轻或者减轻行政处罚：

（一）主动消除或者减轻违法行为危害后果的；

（二）受他人胁迫有违法行为的；

（三）配合行政机关查处违法行为有立功表现的；

（四）其他依法从轻或者减轻行政处罚的。

（四）上述案例的启示

上述案例的启示之一是行政相对人或第三人可以通过行政诉讼或行政复议得到救济。

对政府做出的有关放射性污染的具体行政行为不服的，相对人或第三人可以向法院提起行政诉讼，或向复议机关申请行政复议。

如果当事人选择提起行政诉讼，诉请法院进行判决，根据《中华人民共和国行政诉讼法》的规定，人民法院只受理对具体行政行为合法性提起的诉讼，不受理对合理性和抽象行政行为提起的诉讼。因此，法院基于司法权不能逾越行政权的限制，如果认为被告行政机关的行为符合法定情形，只能在最后判决撤销或者部分撤销受诉具体行政行为，也可以判决行政机关重新做出一个（与受诉行政行为有实质上不同的）新的行政行为，但不能直接变更受诉具体行政行为（否则会逾越行政权）。

如果当事人选择申请行政复议，请求复议机关进行审议，根据《中华人民共和国行政复议法》的规定，复议机关可以同时审查受诉具体行政行为的合法性和合理性，当事人也可以对效力较低的规范性文件提起附带审查。复议机关经过审议之后，认为行政机关做出的行为不合法或者虽然合法却有失妥当（不合理），除了可以撤销、责令重新做出具体行政行为之外，还可以基于行政权（复议机关本身就是行政机关）直接变更受诉具体行政行为。

案例三　医院建设惹争议，居民担心起纠纷

一、引子和案例

（一）案例简介

放射性设备和产生的放射性污染物可能会对周边的环境以及人体产生辐射危害，本案就是居民担心医院辐射而引起的纠纷。

原告马某等60人诉称，2010年4月2日，被告甲市环保局就《甲市人民医院内科住院大楼项目建设项目环境影响报告书》作出了甲环批函[2010] 019号的批复（以下简称“批复”），此批复侵害了原告的财产权及人身权。据报告书中第五章“工程分析”及5.3“运营期各种污染物产生及排放情况”显示，甲市人民医院内科住院大楼兴建完成后使用的放射性设备和产生的放射性污染物对周边的环境以及人体产生辐射危害。现场实地勘察情况表明，涉案房屋中的13栋住宅楼距离该内科住院大楼最近的距离仅为5米，放射性污染明显对原告的人身健康产生极大危害，侵害了原告的人身权、健康权，同时因医院放射性污染的存在，对原告所有的涉案房屋价值亦产生了极为不利的影响。

法院经审理查明，2010年4月2日，被告作出甲环批函[2010]019号《关于〈甲市人民内科住院大楼项目建设项目环境影响报告书〉（报

批稿）的批复》（项目编号：201044××××0201），项目名称为甲市人民医院内科住院大楼，属改扩建项目，项目位于甲市乙区东门北路1017号甲市人民医院红线内，该项目环境影响报告书和技术审查认为项目建设符合环保要求，同意该项目按环评要求进行建设。

2015年4月13日，原告马某等60人向法院提起行政诉讼，要求撤销上述甲环批函[2010]019号《关于〈甲市人民内科住院大楼项目建设项目环境影响报告书〉（报批稿）的批复》。

（二）裁判结果

原告马某等60人于2015年4月13日提起行政诉讼，请求撤销被告作出的上述批复，由于已经超过五年的法定起诉期限，故法院对其起诉应当不予受理；鉴于法院已经受理，现依法裁定驳回原告的起诉。

（三）与案例相关的问题：

放射性物质能够通过呼吸道进入人体吗？

行政诉讼中，哪些情形法院已经立案的，应当裁定驳回起诉？

行政诉讼直接起诉的期限是多久？

什么是环境影响评价？

哪些人可以作为行政复议的申请人？

申请行政复议的方式是口头还是书面的？

什么是缺席判决？

什么是诉讼中止？

二、相关知识

问：放射性物质能够通过呼吸道进入人体吗？

答：放射性物质能够通过呼吸道进入人体。从呼吸道吸入的放射性物质的吸收程度与气态物质的性质和状态有关。不溶性气溶胶吸收缓慢，溶解迅速。气溶胶颗粒越大，在肺中的沉积就越少。当气溶胶被肺泡膜吸收后，它可以直接进入血液流到全身。

三、与案件相关的法律问题

（一）学理知识

问：行政诉讼中，哪些情形法院已经立案的，应当裁定驳回起诉？

答：有下列情形之一，已经立案的，法院应当裁定驳回起诉：

1. 不符合《中华人民共和国行政诉讼法》第四十九条规定的；

2. 超过法定起诉期限且无《中华人民共和国行政诉讼法》第四十八条规定情形的；

3. 错列被告且拒绝变更的；

4. 未按照法律规定由法定代理人、指定代理人、代表人为诉讼行为的；

5. 未按照法律、法规规定先向行政机关申请复议的；

6. 重复起诉的；

7. 撤回起诉后无正当理由再行起诉的；

8. 行政行为对其合法权益明显不产生实际影响的；

9. 诉讼标的已为生效裁判或者调解书所羁束的；

10. 其他不符合法定起诉条件的情形。

前款所列情形可以补正或者更正的，法院应当指定期间责令补正或者更正；在指定期间已经补正或者更正的，应当依法审理。

法院经过阅卷、调查或者询问当事人，认为不需要开庭审理的，可以迳行裁定驳回起诉。

问：行政诉讼直接起诉的期限是多久？

答：公民、法人或者其他组织直接向法院提起诉讼的，应当自知道或者应当知道作出行政行为之日起六个月内提出。法律另有规定的除外。

因不动产提起诉讼的案件自行政行为作出之日起超过二十年，其他案件自行政行为作出之日起超过五年提起诉讼的，人民法院不予受理。

公民、法人或者其他组织因不可抗力或者其他不属于其自身的原因耽误起诉期限的，被耽误的时间不计算在起诉期限内。公民、法人或者其他组织因前款规定以外的其他特殊情况耽误起诉期限的，在障碍消除后十日内，可以申请延长期限，是否准许由法院决定。

问：什么是环境影响评价？

答：环境影响评价简称环评（EIA），是指对规划和建设项目实施后可能造成的环境影响进行分析、预测和评估，提出预防或者减轻不良环境影响的对策和措施，进行跟踪监测的方法与制度，旨在减少项目开发导致的污染、维护人类健康与生态平衡，属于工程开工建设前的可行性研究的一部分。因为环境问题影响广泛，且环境问题出现后损失巨大，不易修复，需要国家单独进行把控。

问：哪些人可以作为行政复议的申请人？

答：依照《中华人民共和国行政诉讼法》的规定申请行政复议的公民、法人或者其他组织是申请人。

有权申请行政复议的公民死亡的，其近亲属可以申请行政复议。有权申请行政复议的公民为无民事行为能力人或者限制民事行为能力人的，其法定代理人可以代为申请行政复议。有权申请行政复议的法人或者其他组织终止的，承受其权利的法人或者其他组织可以申请行政复议。

同申请行政复议的具体行政行为有利害关系的其他公民、法人或者其他组织，可以作为第三人参加行政复议。

申请人、第三人可以委托代理人代为参加行政复议。

问：申请行政复议的方式是口头还是书面的？

答：口头或书面。申请人申请行政复议，可以书面申请，也可以口头申请；口头申请的，行政复议机关应当当场记录申请人的基本情况，行政复议请求，申请行政复议的主要事实、理由和时间。

问：什么是缺席判决？

答：缺席判决是相对于双方当事人都到庭的对席判决而言的。开庭审理时，只有一方当事人到庭，人民法院仅就到庭的一方当事人进行询问、核对证据、听取意见，在审查核实未到庭一方当事人提出的起诉状或答辩状和证据后依法作出的判决，就是缺席判决。

问：什么是诉讼中止？

答：诉讼中止即诉讼程序的中途搁置，是指在诉讼过程中，诉讼程序因特殊的、法定情形的发生使得诉讼程序难以进行而中途停止的一种法律制度。

（二）法院裁判的理由

法院认为，本案中被告于2010年4月2日作出的甲环批函[2010]019号《关于〈甲市人民内科住院大楼项目建设项目环境影响报告书〉（报批稿）的批复》属于环境影响评价。原告马某等60人于2015年4月13日提起行政诉讼，请求撤销被告作出的上述批复，已经超过五年的法定起诉期限，对其起诉应当不予受理；鉴于法院已经受理，现依法裁定驳回原告的起诉。

（三）法院裁判的法律依据

《中华人民共和国行政诉讼法》：

第四十六条　公民、法人或者其他组织直接向法院提起诉讼的，应当自知道或者应当知道作出行政行为之日起六个月内提出。法律另有规定的除外。

因不动产提起诉讼的案件自行政行为作出之日起超过二十年，其他案件自行政行为作出之日起超过五年提起诉讼的，人民法院不予受理。

第四十八条　公民、法人或者其他组织因不可抗力或者其他不属于其自身的原因耽误起诉期限的，被耽误的时间不计算在起诉期限内。

公民、法人或者其他组织因前款规定以外的其他特殊情况耽误起诉期限的，在障碍消除后十日内，可以申请延长期限，是否准许由人民法院决定。

（四）上述案例的启示

了解各级环境保护行政主管部门的相关职责，有助于当事人维护自身的合法权益。

国务院环境保护行政主管部门和国务院其他有关部门，按照职责分工，各负其责，互通信息，密切配合，对核设施、铀（钍）矿开发利用中的放射性污染防治进行监督检查。

县级以上地方人民政府环境保护行政主管部门和同级其他有关部门，按照职责分工，各负其责，互通信息，密切配合，对本行政区域内核技术利用、伴生放射性矿开发利用中的放射性污染防治进行监督检查。

监督检查人员进行现场检查时，应当出示证件。被检查的单位必须如实反映情况，提供必要的资料。监督检查人员应当为被检查单位保守技术秘密和业务秘密。对涉及国家秘密的单位和部位进行检查时，应当遵守国家有关保守国家秘密的规定，依法办理有关审批手续。

案例四　环评一事惹争议，不服一审提上诉

一、引子和案例

（一）案例简介

本案例是不服环保局的环境影响批复而引起的纠纷。

2013 年 7 月 22 日，本案第三人甲县第一人民医院委托煤炭工业某设计研究院承担“门急诊大楼建设项目”环境影响评价报告书的编制工作。2013 年 11 月 28 日，第三人甲县第一人民医院向被告甲县环境保护局申请报批。被告甲县环境保护局于 2013 年 12 月 11 日组织召开技术评审会并提出了修改意见。由于第三人修改设计方案后没能及时报送，被告甲县环境保护局于 2013 年 12 月 31 日作出取消该项目受理的决定。2015 年 8 月 3 日，第三人完成环境影响评价报告书的修改后再次向被告甲县环境保护局提出审批申请。该环境影响评价报告书中未对放射性仪器进行评价。2015 年 8 月 3 日，被告甲县环境保护局受理审批申请后审查认为：甲县第一人民医院门急诊大楼建设项目采取相应的污染防治措施，污水、噪声、废气、固体废物能达标排放，对周围环境影响轻微。2015 年 8 月 25 日，被告甲县环境保护局依据专家组意见，经研究同意作出甲环 [2015]5 号批复，辐射项目不包括在本次

审批内。

原告李某等 26 人不服该批复向被告乙市环境保护局申请复议，2015 年 12 月 22 日，被告乙市环境保护局作出乙环复 [2015] 1 号行政复议决定，维持被告甲县环境保护局作出的甲环 [2015]5 号批复。另查明，第三人甲县第一人民医院的“门急诊大楼建设项目”现正在建设中。

李某等 26 人不服该行政复议决定，于 2016 年 1 月 25 日向甲县人民法院提起诉讼，甲县人民法院经审查，裁定驳回原告的起诉，原告不服，上诉至乙市中级人民法院。

（二）裁判结果

2016 年 8 月 30 日，乙市中级人民法院作出行政裁定，指令甲县人民法院继续审理。

（三）与案例相关的问题：

放射性物质可以通过消化道进入人体吗？

裁定行政诉讼案件继续审理的条件是什么？

对国务院、各级地方人民政府及其派出机关、工作部门以外的其他行政机关、组织的具体行政行为不服而申请行政复议的，如何确定管辖权？

生产、销售、使用放射性同位素和射线装置的单位，应当履行什么职责？

生产、销售、使用放射性同位素和加速器、中子发生器以及含放射源的射线装置的单位，应当履行什么职责？

放射防护设施是否应当遵循三同时制度？

二、相关知识

问：放射性物质可以通过消化道进入人体吗？

答：放射性物质进入人体的主要途径有三种：呼吸道、消化道、皮肤或黏膜。

放射性物质主要通过消化道进入人体，通过呼吸道和皮肤进入的较少。在核试验和核工业泄漏的情况下，放射性物质可以通过消化道、呼吸道和皮肤进入人体，造成危害。

放射性物质可以直接被人体吸收，也可以通过食物链进入人体。

三、与案件相关的法律问题

（一）学理知识

问：裁定行政诉讼案件继续审理的条件是什么？

答：裁定行政诉讼案件继续审理是指二审法院对一审法院驳回起诉的裁定认为确有错误，且原审原告起诉符合法定条件而撤销一审裁定，发回原审法院继续审理。继续审理的性质是对原一审的恢复和继续。

裁定行政诉讼案件继续审理条件是：

第一，适用范围为原审裁定驳回起诉的案件。

第二，适用条件必须是在原审驳回起诉裁定确有错误，且原审原告起诉符合法定条件。

第三，原审人民法院应当另行组成合议庭进行审理。

《最高人民法院关于适用〈中华人民共和国行政诉讼法〉的解释》第一百零九条规定，“第二审人民法院经审理认为原审人民法院不予立案或者驳回起诉的裁定确有错误且当事人的起诉符合起诉条件的，应当裁定撤销原审人民法院的裁定，指令原审人民法院依法立案或者继续审理。第二审人民法院裁定发回原审人民法院重新审理的行政案件，原审人民法院应当另行组成合议庭进行审理。”

问：对国务院、各级地方人民政府及其派出机关、工作部门以外的其他行政机关、组织的具体行政行为不服而申请行政复议的，如何确定管辖权？

答：1. 对县级以上地方人民政府依法设立的派出机关的具体行政行为不服的，向设立该派出机关的人民政府申请行政复议；

2. 对政府工作部门依法设立的派出机构依照法律、法规或者规章规定，以自己的名义作出的具体行政行为不服的，向设立该派出机构的部门或者该部门的本级地方人民政府申请行政复议；

3. 对法律、法规授权的组织的具体行政行为不服的，分别向直接管理该组织的地方人民政府、地方人民政府工作部门或者国务院部门申请行政复议；

4. 对两个或者两个以上行政机关以共同的名义作出的具体行政行为不服的，向其共同上一级行政机关申请行政复议；

5. 对被撤销的行政机关在撤销前所作出的具体行政行为不服的，向继续行使其职权的行政机关的上一级行政机关申请行政复议。

有前述情形之一的，申请人也可以向具体行政行为发生地的县级地方人民政府提出行政复议申请。

问：生产、销售、使用放射性同位素和射线装置的单位，应当履行什么职责？

答：生产、销售、使用放射性同位素和射线装置的单位，应当按照国务院有关放射性同位素与射线装置放射防护的规定申请领取许可证，办理登记手续。

转让、进口放射性同位素和射线装置的单位以及装备有放射性同位素的仪表的单位，应当按照国务院有关放射性同位素与射线装置放射防护的规定办理有关手续。

问：生产、销售、使用放射性同位素和加速器、中子发生器以及含放射源的射线装置的单位，应当履行什么职责？

答：生产、销售、使用放射性同位素和加速器、中子发生器以及含放射源的射线装置的单位，应当在申请领取许可证前编制环境影响评价文件，报省、自治区、直辖市人民政府环境保护行政主管部门审查批准；未经批准，有关部门不得颁发许可证。

国家建立放射性同位素备案制度。具体办法由国务院规定。

问：放射防护设施是否应当遵循三同时制度？

答：是。新建、改建、扩建放射工作场所的放射防护设施，应当与主体工程同时设计、同时施工、同时投入使用。

放射防护设施应当与主体工程同时验收；验收合格的，主体工程方可投入生产或者使用。

（二）法院裁判的理由

法院认为，上诉人李某等 26 人的房屋距离原审第三人甲县第一人民医院门急诊大楼比较近，因此，与上诉人甲县环境保护局作出的环评批复有利害关系，具有行政诉讼原告主体资格。

甲县环境保护局收到原审第三人的环评申请后，履行了问卷调查、专家组讨论、审批等程序，依据相关行业标准对原审第三人在建设项目中采取的系列环境保护措施及对周围环境的影响作出了评价，事实清楚、程序合法。原审第三人诊疗、科研活动涉及使用放射源、放射性核素以及辐射装置的部分，甲县环境保护局作出的环评批复中已经指出，并要求原审第三人按有关规定另行完成环境影响评价并取得辐射安全许可，本批复只对该报告书中内容有效。因此，原审法院认定甲县环境保护局作出的环评批复中未对放射性仪器进行评价，存在遗漏的事实不当，予以纠正。甲县环境保护局提出原审认定其污染评价存在遗漏属认定事实错误的理由成立，依法予以支持。甲县环境保护局作出环评批复时未依据、引用《中华人民共和国环境影响评价法》的有关规定，属适用法律错误。原审法院以撤销该批复会给国家利益、社会公共利益造成重大损害为由，判决确认该环评批复违法，判决结果正确。

乙市环境保护局在行政复议程序中，虽然履行了行政复议的相关程序，复议程序合法，但没有纠正甲县环境保护局适用法律错误的事实，因此，原审判决确认行政复议决定违法正确。

甲县环境保护局作出环评批复前进行了问卷调查，上诉人李某等26人提出未履行公众参与程序，程序违法的上诉理由不能成立，依法不予支持。甲县第一人民医院本身就属社会公益性质，上诉人提出其门急诊大楼项目建设不属社会公共利益，是对社会公共利益的误解，该上诉理由不能成立，其提出撤销原判，撤销环评批复和行政复议决定的上诉理由不能成立，依法不支持。

（三）法院裁判的法律依据

《中华人民共和国行政诉讼法》：

第八十九条　人民法院审理上诉案件，按照下列情形，分别处理：

（一）原判决、裁定认定事实清楚，适用法律、法规正确的，判决或者裁定驳回上诉，维持原判决、裁定。

（二）原判决、裁定认定事实错误或者适用法律、法规错误的，依法改判、撤销或者变更。

（三）原判决认定基本事实不清、证据不足的，发回原审人民法院重审，或者查清事实后改判。

（四）原判决遗漏当事人或者违法缺席判决等严重违反法定程序

的，裁定撤销原判决，发回原审人民法院重审。

原审人民法院对发回重审的案件作出判决后，当事人提起上诉的，第二审人民法院不得再次发回重审。

人民法院审理上诉案件，需要改变原审判决的，应当同时对被诉行政行为作出判决。

（四）上述案例的启示

存放、生产、使用放射性同位素应当严格按照规定进行。

放射性同位素应当单独存放，不得与易燃、易爆、腐蚀性物品等一起存放，其贮存场所应当采取有效的防火、防盗、防射线泄漏的安全防护措施，并指定专人负责保管。贮存、领取、使用、归还放射性同位素时，应当进行登记、检查，做到账物相符。

生产、使用放射性同位素和射线装置的单位，应当按照国务院环境保护行政主管部门的规定对其产生的放射性废物进行收集、包装、贮存。

生产放射源的单位，应当按照国务院环境保护行政主管部门的规定回收和利用废旧放射源；使用放射源的单位，应当按照国务院环境保护行政主管部门的规定将废旧放射源交回生产放射源的单位或者送交专门从事放射性固体废物贮存、处置的单位。

案例五　未验收投入使用，公司遭行政处罚

一、引子和案例

（一）案例简介

核技术应用项目未通过环保竣工验收、未取得辐射安全许可证而投入使用是违法行为。

2014 年 11 月 13 日，被告市环境保护局执法人员到原告甲公司检查时发现，被告自 2006 年投产以来存在核技术应用项目未通过环保竣工验收、未取得辐射安全许可证，便将 X 射线探伤设备投入使用的违法行为。被告市环境保护局在履行调查、告知并组织听证等相关程序后认定原告的行为违反了《中华人民共和国放射性污染防治法》第三十条第二款和第二十八条第一款的规定。根据该法第五十一条和第五十三条的规定，被告于 2015 年 1 月 22 日作出 X 环罚字（2015）1 号行政处罚决定书，对原告甲公司的上述违法行为作出以下行政处罚：1. 对放射性防护设施未经验收合格，主体工程即投入生产使用的违法行为罚款 5 万元；2. 对原告无辐射安全许可证使用 X 射线探伤设备的违法行为罚款 1 万元。

原告认为被告没有处罚职权，其违法是因有关主管单位无故拖延

其办理辐射安全许可证所致，且认为被告对原告同一相关联行为引用不同的法条进行处罚，适用法律不当，请求法院撤销被告的行政处罚决定。

另查明，2014 年 8 月 11 日，省环保厅出具《关于委托行使辐射安全许可审批权限的通知》，将所辖区域内生产、销售、使用Ⅱ类射线装置（不含医用直线加速器、中子加速器）单位的辐射安全许可证及相应的环境影响评价文件审批、竣工环境保护验收、放射性同位素转让审批权限委托给各省辖市环境保护局审批管理。

（二）裁判结果

法院认为，原告起诉要求撤销被告作出的行政处罚决定的理由不充分，法院不予支持，驳回原告的诉讼请求。

（三）与案例相关的问题：

土壤性能与氡污染有什么关系？

行政诉讼的被告如何确定？

行政诉讼中，当事人、法定代理人是否可以委托诉讼代理人？可以委托几人？可以委托哪些人为诉讼代理人？

人民法院是否应当在审查原行政行为合法性的同时，一并审查复议程序的合法性？原行政行为合法性的举证责任由谁承担？

二、相关知识

问：土壤性能与氡污染有什么关系？

答：中高渗透率的土壤具有很高的氡污染的可能性。土壤渗透率数据可以根据国土安全部绘制的地图进行识别。

三、与案件相关的法律问题

（一）学理知识

问：行政诉讼的被告如何确定？

答：公民、法人或者其他组织直接向人民法院提起诉讼的，作出行政行为的行政机关是被告。

经复议的案件，复议机关决定维持原行政行为的，作出原行政行为的行政机关和复议机关是共同被告；复议机关改变原行政行为的，复议机关是被告。

复议机关在法定期限内未作出复议决定，公民、法人或者其他组织起诉原行政行为的，作出原行政行为的行政机关是被告；起诉复议机关不作为的，复议机关是被告。

两个以上行政机关作出同一行政行为的，共同作出行政行为的行政机关是共同被告。

行政机关委托的组织所作的行政行为，委托的行政机关是被告。

行政机关被撤销或者职权变更的，继续行使其职权的行政机关是被告。

问：行政诉讼中，当事人、法定代理人是否可以委托诉讼代理人？可以委托几人？可以委托哪些人为诉讼代理人？

答：行政诉讼中，当事人、法定代理人可以委托诉讼代理人。可以委托一至二人作为诉讼代理人。

下列人员可以被委托为诉讼代理人：

1. 律师、基层法律服务工作者；

2. 当事人的近亲属或者工作人员；

3. 当事人所在社区、单位以及有关社会团体推荐的公民。

问：人民法院是否应当在审查原行政行为合法性的同时，一并审查复议程序的合法性？原行政行为合法性的举证责任由谁承担？

答：复议机关决定维持原行政行为的，人民法院应当在审查原行政行为合法性的同时，一并审查复议程序的合法性。

作出原行政行为的行政机关和复议机关对原行政行为合法性共同承担举证责任，可以由其中一个机关实施举证行为。复议机关对复议程序的合法性承担举证责任。

（二）法院裁判的理由

法院认为，对违反《中华人民共和国放射性污染防治法》的规定，对防治防护设施未经验收合格，主体工程即投入生产或使用的违法行为由省、自治区、直辖市人民政府环境保护行政主管部门进行处罚。《环境行政处罚办法》第二十条第三款规定，“上级环境保护主管部门可以将其管辖的案件交由有管辖权的下级环境保护主管部门实施行政处罚”。本案省环保厅于2014年8月11日出台的《关于委托行使辐射安全许可审批权限的通知》规定，“将所辖区域内生产、销售、使用Ⅱ类射线装置（不含医用直线加速器、中子加速器）单位的辐射安全许可证及相应的环境影响评价文件审批、竣工环境保护验收、放射性同位素转让审批权限委托给各省辖市环境保护局审批管理”，并要求在工作中加强执法监管。故被告单位对所辖区内违反《中华人民共和国放射性污染防治法》规定的行为，将防治防护设施未经验收合格，主体工程即投入生产或者使用等行为有行政处罚权。

根据《中华人民共和国放射性污染防治法》第五十三条的规定，被告对行为人违反该法规定使用射线装置等行为具有处罚职权。

原告甲公司存在核技术应用项目未通过环保竣工验收、未取得辐射安全许可证便将X射线探伤设备投入使用的行为，其行为违法了《中华人民共和国放射性污染防治法》第三十条第二款、第二十八条第一款的规定。被告依据该法第五十一条对原告放射性防护设施未经验收合格，主体工程即投入生产的违法行为罚款5万元；依据该法第五十三条之规定对原告无辐射安全许可证使用X射线探伤设备的违法行为罚款1万元，其适用法律准确，罚款数额在规定范围内，且做出行政处罚前已履行告知陈述、申辩并进行听证等权利，其做出行政处罚的程序合法。原告称其曾向主管单位申报办理辐射安全许可证，因主管单位无故拖延致其未取得该证的观点无事实及法律依据，法院不予采信。

综上，原告起诉要求撤销被告作出的行政处罚决定书理由不充分，法院不予支持。

（三）法院裁判的法律依据

《中华人民共和国行政处罚法》：

第十五条　行政处罚由具有行政处罚权的行政机关在法定职权范围内实施。

《中华人民共和国放射性污染防治法》：

第五十一条　违反本法规定，未建造放射性污染防治设施、放射防护设施，或者防治防护设施未经验收合格，主体工程即投入生产或者使用的，由审批环境影响评价文件的环境保护行政主管部门责令停止违法行为，限期改正，并处五万元以上二十万元以下罚款。

第二十九条第一款　生产、销售、使用放射性同位素和加速器、中子发生器以及含放射源的射线装置的单位，应当在申请领取许可证前编制环境影响评价文件，报省、自治区、直辖市人民政府环境保护行政主管部门审查批准；未经批准，有关部门不得颁发许可证。

第五十三条　违反本法规定，生产、销售、使用、转让、进口、贮存放射性同位素和射线装置以及装备有放射性同位素的仪表的，由县级以上人民政府环境保护行政主管部门或者其他有关部门依据职权责令停止违法行为，限期改正；逾期不改正的，责令停产停业或者吊销许可证；有违法所得的，没收违法所得；违法所得十万元以上的，并处违法所得一倍以上五倍以下罚款；没有违法所得或者违法所得不足十万元的，并处一万元以上十万元以下罚款；构成犯罪的，依法追究刑事责任。

第三十条第二款　放射防护设施应当与主体工程同时验收；验收合格的，主体工程方可投入生产或者使用。

第二十八条第一款　生产、销售、使用放射性同位素和射线装置的单位，应当按照国务院有关放射性同位素与射线装置放射防护的规定申请领取许可证，办理登记手续。

《环境行政处罚办法》：

第二十条第三款　上级环境保护主管部门可以将其管辖的案件交由有管辖权的下级环境保护主管部门实施行政处罚。

（四）上述案例的启示

法院对原行政行为作出判决的同时，应当对复议决定一并作出相应判决。

法院判决撤销原行政行为和复议决定的，可以判决作出原行政行为的行政机关重新作出行政行为。

法院判决作出原行政行为的行政机关履行法定职责或者给付义务的，应当同时判决撤销复议决定。

原行政行为合法、复议决定违反法定程序的，应当判决确认复议决定违法，同时判决驳回原告针对原行政行为的诉讼请求。

原行政行为被撤销、确认违法或者无效，给原告造成损失的，应当由作出原行政行为的行政机关承担赔偿责任；因复议程序违法给原告造成损失的，由复议机关承担赔偿责任。

案例六　公司建无线电台，居民怕伤害健康

一、引子和案例

（一）案例简介

本案例是原告认为无线电基站磁辐射超标准，对生命健康构成重大威胁，请求法院判决撤销无线电台执照的行政案件。

原告黄某自1998年11月18日起至本案发生时一直是甲市乙区丙楼3幢X房的业主之一，第三人联通甲分公司自1999年8月13日至本案发生时一直是丙楼3幢XX房业主。第三人联通甲分公司建设在丙楼3幢XX房的无线电基站于2000年1月31日投入使用。2010年1月7日，甲分公司向被告市无线电办公室申请继续使用该无线电基站，提交了无线电台（站）设置申请表、蜂窝无线电通信基站技术资料申报表，申请无线电台执照续期。2010年3月4日，市无线电办公室向甲分公司核发了中华人民共和国电台执照，核准的发射功率为20W，天线距地面高度25米，有效期自2010年3月4日至2013年3月4日。2013年2月26日，在执照有效期满前一个月内，甲分公司向市无线电办公室申请办理电台执照延续手续，递交了中华人民共和国无线电台执照申请表。2013年4月17日，市无线电办公室向甲分公司核发中华

人民共和国无线电台执照，核准的发射功率为20W，天线距地面高度25米，有效期自2013年4月17日至2016年4月17日。

2013年11月28日，黄某向法院提起行政诉讼，认为被告市无线电办公室于2013年4月17日核发的中华人民共和国无线电台执照的具体行政行为侵害其生命健康安全，造成原告失眠、耳鸣、头痛的现象，特别是原告于2009年被诊断患有肝癌，请求法院判决撤销被告市无线电办公室于2013年4月17日核发的中华人民共和国无线电台执照。黄某提交了相关证据。

被告市无线电办公室辩称：1. 原告的起诉不符合法定的行政诉讼案件受理条件，依法应裁定驳回。2. 被告颁发中华人民共和国电台执照程序合法，依法应当予以维持。

第三人联通甲分公司述称：1. 原告主体不适格，其起诉不属于行政诉讼法的受案范围，依法应裁定驳回。2. 被告的行政许可程序合法、事实清楚。3. 被告作出的行政许可程序合法，是严格按照法律规定作出的，应当予以维持。

（二）裁判结果

法院认为，黄某要求法院判决撤销被告市无线电办公室核发的中华人民共和国无线电台执照的诉讼请求，无事实和法律依据，法院不予支持。依法判决驳回原告黄某的诉讼请求。案件受理费50元，由原告黄某负担。

（三）与案例相关的问题：

放射性物质能否通过皮肤或黏膜侵入人体？

什么是行政诉讼第三人？

什么是“与行政行为有利害关系”？

假设放射性污染者因不服被当地环境保护局罚款而向人民法院提起行政诉讼，应当符合哪些条件？

行政复议期间具体行政行为是否停止执行？

行政复议的审查方式是怎样的？

放射性污染监督管理人员违反法律规定，利用职务上的便利收受他人财物、谋取其他利益，或者玩忽职守，应承担怎样的责任？

二、相关知识

问：放射性物质能否通过皮肤或黏膜侵入人体？

答：放射性物质可以通过皮肤或黏膜进入人体。皮肤对放射性物质的吸收能力波动较大，一般在1%～1.2%左右，通过皮肤进入的放射性污染物可以通过血液直接输送到全身。伤口里的放射性物质具有很高的吸收性。

三、与案件相关的法律问题

（一）学理知识

问：什么是行政诉讼第三人？

答：行政诉讼第三人是指同被诉的具体行政行为有利害关系，或者同案件处理结果有利害关系，在行政诉讼过程中申请参加诉讼或有法院通知参加诉讼的公民、法人或其他组织。

《中华人民共和国行政诉讼法》第二十九条规定："公民、法人或者其他组织同被诉行政行为有利害关系但没有提起诉讼，或者同案件处理结果有利害关系的，可以作为第三人申请参加诉讼，或者由人民法院通知参加诉讼。"

行政诉讼第三人有以下几个特征：

1. 行政诉讼第三人是参加到他人诉讼中的公民、法人或其他组织。

2. 行政诉讼第三人是同被诉的具体行政行为有利害关系的人。

3. 行政诉讼第三人参加诉讼，必须是在诉讼开始之后和审结之前。

4. 行政诉讼第三人参加诉讼的方式有主动申请参加诉讼和人民法院依职权通知其参加诉讼两种。

5. 行政诉讼第三人有独立的诉讼地位。

问：什么是“与行政行为有利害关系”？

答：“与行政行为有利害关系”包括以下几种情况：

1. 被诉的行政行为涉及其相邻权或者公平竞争权的；

2. 在行政复议等行政程序中被追加为第三人的；

3. 要求行政机关依法追究加害人法律责任的；

4. 撤销或者变更行政行为涉及其合法权益的；

5. 为维护自身合法权益向行政机关投诉，具有处理投诉职责的行政机关作出或者未作出处理的；

6. 其他与行政行为有利害关系的情形。

问：假设放射性污染者因不服被当地环境保护局罚款而向人民法院提起行政诉讼，应当符合哪些条件？

答：应当符合下列条件：

1. 原告是符合《中华人民共和国行政诉讼法》第二十五条规定的公民、法人或者其他组织；

2. 有明确的被告；

3. 有具体的诉讼请求和事实根据；

4. 属于人民法院受案范围和受诉人民法院管辖。

问：行政复议期间具体行政行为是否停止执行？

答：行政复议期间具体行政行为不停止执行，但是，有下列情形之一的，可以停止执行：

1. 被申请人认为需要停止执行的；

2. 行政复议机关认为需要停止执行的；

3. 申请人申请停止执行，行政复议机关认为其要求合理，决定停止执行的；

4. 法律规定停止执行的。

问：行政复议的审查方式是怎样的？

答：行政复议原则上采取书面审查的办法，但是申请人提出要求或者行政复议机关负责法制工作的机构认为有必要时，可以向有关组织和人员调查情况，听取申请人、被申请人和第三人的意见。

问：放射性污染监督管理人员违反法律规定，利用职务上的便利收受他人财物、谋取其他利益，或者玩忽职守，应承担怎样的责任？

答：放射性污染防治监督管理人员违反法律规定，利用职务上的便利收受他人财物、谋取其他利益，或者玩忽职守，有下列行为之一的，依法给予行政处分；构成犯罪的，依法追究刑事责任：

1. 对不符合法定条件的单位颁发许可证和办理批准文件的；

2. 不依法履行监督管理职责的；

3. 发现违法行为不予查处的。

（二）法院裁判的理由

法院认为，首先，黄某与市无线电办公室核发中华人民共和国无线电台执照的行为之间存在利害关系，黄某具备本案原告的诉讼主体资格。

其次，市无线电办公室是法规授权的组织，具有核发电台执照的职权，黄某不服市无线电办公室核发电台执照的行为，应以该办公室为被告。故市无线电办公室具备本案被告的诉讼主体资格。

最后，市无线电办公室核发中华人民共和国无线电台执照行为合法有效。

黄某要求法院判决撤销被告市无线电办公室核发的中华人民共和国无线电台执照的诉讼请求，无事实和法律依据，法院不予支持。依法判决驳回原告黄某的诉讼请求。案件受理费50元，由原告黄某负担。

（三）法院裁判的法律依据

《中华人民共和国行政诉讼法》（1990年版）：

第二十四条第一款　依照本法提起诉讼的公民法人或者其他组织是原告。

第二十五条　公民、法人或者其他组织直接向人民法院提起诉讼的，作出行政行为的行政机关是被告。

经复议的案件，复议机关决定维持原行政行为的，作出原行政行为的行政机关是被告；复议机关改变原行政行为的，复议机关是被告。

两个以上行政机关作出同一具体行政行为的，共同作出行政行为的行政机关是共同被告。

由法律、法规授权的组织所作的具体行政行为，该组织是被告。由行政机关委托的组织所作的具体行政行为，委托的行政机关是被告。

行政机关被撤销的，继续行使其职权的行政机关是被告。

（四）上述案例的启示

本案原告担心放射性废物的排放会损害其身体健康，事实上，如果严格遵守下列关于放射性废物排放的规定，造成损害的可能性并不大。

核设施营运单位、核技术利用单位、铀（钍）矿和伴生放射性矿开发利用单位，应当合理选择和利用原材料，采用先进的生产工艺和设备，尽量减少放射性废物的产生量。

向环境排放放射性废气、废液，必须符合国家放射性污染防治标准。

产生放射性废气、废液的单位向环境排放符合国家放射性污染防治标准的放射性废气、废液，应当向审批环境影响评价文件的环境保护行政主管部门申请放射性核素排放量，并定期报告排放计量结果。

产生放射性废液的单位，必须按照国家放射性污染防治标准的要求，对不得向环境排放的放射性废液进行处理或者贮存。

产生放射性废液的单位，向环境排放符合国家放射性污染防治标准的放射性废液，必须采用符合国务院环境保护行政主管部门规定的排放方式。

禁止利用渗井、渗坑、天然裂隙、溶洞或者国家禁止的其他方式排放放射性废液。

案例七　医院要新建大楼，邻居怕危害健康

一、引子和案例

（一）案例简介

本案例是居民担心医院校新建大楼危害自身健康而引起的纠纷。

乙市规划局于2015年3月24日作出《建设项目选址意见书》及其附件《关于某市医学院附属医院模拟临床医疗基地建设工程的规划选址意见书》，该意见书的主要内容：根据《中华人民共和国城乡规划法》第三十六条和国家有关规定，经审核，本建设项目符合城乡规划要求，颁发此书。建设项目名称：模拟临床医疗基地；建设单位名称：某市医学院附属医院。

原告张某等57人不服上述《建设项目选址意见书》及其附件内容，向被告广西壮族自治区住房和城乡建设厅（以下称自治区住建厅）申请行政复议。

自治区住建厅于2015年8月12日决定受理该行政复议，并要求乙市规划局进行答复和举证。自治区住建厅经审查，于2015年10月8日作出桂建复决[2015]×号《行政复议决定书》，维持了上述《建设项目选址意见书》及其附件。

原告不服，提起行政诉讼。

一审法院认为，乙市规划局作出的《建设项目选址意见书》及其附件并未对原告张某等 57 人的权利义务产生实际影响，依法不属于行政诉讼受案范围，对于原告称《建设项目选址意见书》及其附件侵犯其合法权益的主张不予采纳。

由于被诉《建设项目选址意见书》及其附件并未对原告的权利义务产生实际影响，因此不属于《中华人民共和国行政复议法》第六条规定的行政复议的受案范围，被告自治区住建厅受理原告的行政复议申请进行实体审查并作出维持该《建设项目选址意见书》及其附件的行政复议决定，属适用法律、法规错误，依法应予撤销。

一审法院依照《中华人民共和国行政诉讼法》第七十条第（二）项的规定判决：撤销被告广西壮族自治区住房和城乡建设厅于 2015 年 10 月 8 日作出的桂建复决 [2015]× 号《行政复议决定书》。一审判决后，张某等 57 人对一审不服提出上诉。

上诉人认为，被上诉人乙市规划局作出的选址意见书名为模拟临床医疗基地，实为医院建设项目，批准新建的门诊、病房和医技大楼在上诉人小区围墙边，改变了安全格局，与上诉人有利害关系；被上诉人乙市规划局颁发的《建设项目选址意见书》选字第 X 号选址距离居民区小于 100 米，不符合卫生防护距离要求，违反综合医院强制性规定，且擅自改变项目性质，选址模糊不清。因此，其颁发的选址意见书没有事实和法律依据，程序违法，颁发选址意见书的行政行为违法，应当撤销；一审法院判决驳回上诉人的诉讼请求是错误的，请求二审人民法院依法支持上诉人的诉讼请求。

被上诉人乙市规划局辩称，被上诉人核发《建设项目选址意见书》及其附件的行政行为合法有效，请法院驳回上诉人的诉求。

（二）裁判结果

二审法院认为，上诉人的上诉请求理据不足，法院依法不予支持。一审判决认定事实清楚，处理适当，依照《中华人民共和国行政诉讼法》第八十九条第一款第（一）项的规定，判决驳回上诉，维持原判。二审案件受理费50元，由上诉人张某等57人负担。

（三）与案例相关的问题：

放射性物质进入人体，会导致人体产生哪些变化？

哪些行为不属于法院行政诉讼的受案范围？

哪些案件可以申请行政复议？

放射性固体废物应当在何处处置？

放射性固体废物在处置前应经过怎样的程序？

具体行政行为有哪些情形，复议机关决定撤销、变更或者确认该具体行政行为违法，责令重作？

违反《中华人民共和国放射性污染防治法》的规定，未经许可或者批准，核设施营运单位擅自进行核设施的建造、装料、运行、退役等活动的，应当承担怎样的责任？

违反《中华人民共和国放射性污染防治法》的规定，防治防护设施未经验收合格，主体工程即投入生产或者使用的，应承担怎样的责任？

二、相关知识

问：放射性物质进入人体，会导致人体产生哪些变化？

答：无论哪种方式，当放射性物质进入人体后，都会选择性地位于一个或多个器官或组织中，称为“选择性分布”。其中，被定位的器官被称为“紧要器官”，将受到较多辐射，损伤的可能性较大，比如氡会导致肺癌。放射性物质在人体中的分布与其理化性质、进入人体的途径以及机体的生理状态有关。但也有一些放射性物质在体内的分布没有特异性，广泛分布在各种组织和器官中，称为“全身均匀分布”，如有营养类似物的核素进入人体，将参与人体的代谢过程而遍布全身。

当放射性物质进入人体后，它们要经历物理、物理化学、化学和生物学四个辐射作用的不同阶段。当人体吸收辐能后，会先在分子水平发生变化，引起分子的电离和激发，尤其是大分子的损伤。有的发生在瞬间，有的时间较久。

三、与案件相关的法律问题

（一）学理知识

问：哪些行为不属于法院行政诉讼的受案范围？

答：下列行为不属于人民法院行政诉讼的受案范围：

1. 公安、国家安全等机关依照《中华人民共和国刑事诉讼法》的明确授权实施的行为；

2. 调解行为以及法律规定的仲裁行为；

3. 行政指导行为；

4. 驳回当事人对行政行为提起申诉的重复处理行为；

5. 行政机关作出的不产生外部法律效力的行为；

6. 行政机关为作出行政行为而实施的准备、论证、研究、层报、咨询等过程性行为；

7. 行政机关根据人民法院的生效裁判、协助执行通知书作出的执行行为，但行政机关扩大执行范围或者采取违法方式实施的除外；

8. 上级行政机关基于内部层级监督关系对下级行政机关作出的听取报告、执法检查、督促履责等行为；

9. 行政机关针对信访事项作出的登记、受理、交办、转送、复查、复核意见等行为；

10. 对公民、法人或者其他组织权利义务不产生实际影响的行为。

问：哪些案件可以申请行政复议？

答：《中华人民共和国行政复议法》第六条规定，有下列情形之一的，公民、法人或者其他组织可以依照本法申请行政复议：

（一）对行政机关作出的警告、罚款、没收违法所得、没收非法财物、责令停产停业、暂扣或者吊销许可证、暂扣或者吊销执照、行政拘留等行政处罚决定不服的；

（二）对行政机关作出的限制人身自由或者查封、扣押、冻结财产等行政强制措施决定不服的；

（三）对行政机关作出的有关许可证、执照、资质证、资格证等证书变更、中止、撤销的决定不服的；

（四）对行政机关作出的关于确认土地、矿藏、水流、森林、山岭、草原、荒地、滩涂、海域等自然资源的所有权或者使用权的决定不服的；

（五）认为行政机关侵犯合法的经营自主权的；

（六）认为行政机关变更或者废止农业承包合同，侵犯其合法权益的；

（七）认为行政机关违法集资、征收财物、摊派费用或者违法要求履行其他义务的；

（八）认为符合法定条件，申请行政机关颁发许可证、执照、资质证、资格证等证书，或者申请行政机关审批、登记有关事项，行政机关没有依法办理的；

（九）申请行政机关履行保护人身权利、财产权利、受教育权利的法定职责，行政机关没有依法履行的；

（十）申请行政机关依法发放抚恤金、社会保险金或者最低生活保障费，行政机关没有依法发放的；

（十一）认为行政机关的其他具体行政行为侵犯其合法权益的。

问：放射性固体废物应当在何处处置？

答：低、中水平放射性固体废物在符合国家规定的区域实行近地表处置。

高水平放射性固体废物实行集中的深地质处置。

α 放射性固体废物依照前款规定处置。

禁止在内河水域和海洋上处置放射性固体废物。

问：放射性固体废物在处置前应经过怎样的程序？

答：国务院核设施主管部门会同国务院环境保护行政主管部门根据地质条件和放射性固体废物处置的需要，在环境影响评价的基础上编制放射性固体废物处置场所选址规划，报国务院批准后实施。

有关地方人民政府应当根据放射性固体废物处置场所选址规划，提供放射性固体废物处置场所的建设用地，并采取有效措施支持放射性固体废物的处置。

问：具体行政行为有哪些情形，复议机关决定撤销、变更或者确认该具体行政行为违法，责令重作？

答：具体行政行为有以下情形，复议机关决定撤销、变更或者确认该具体行政行为违法，责令重作：

1. 主要事实不清、证据不足的；

2. 适用依据错误的；

3. 违反法定程序的；

4. 超越或者滥用职权的；

5. 具体行政行为明显不当的。

问：违反《中华人民共和国放射性污染防治法》的规定，未经许可或者批准，核设施营运单位擅自进行核设施的建造、装料、运行、退役等活动的，应当承担怎样的责任？

答：违反《中华人民共和国放射性污染防治法》的规定，未经许可或者批准，核设施营运单位擅自进行核设施的建造、装料、运行、退役等活动的，由国务院环境保护行政主管部门责令停止违法行为，限期改正，并处二十万元以上五十万元以下罚款；构成犯罪的，依法追究刑事责任。

问：违反《中华人民共和国放射性污染防治法》的规定，防治防护设施未经验收合格，主体工程即投入生产或者使用的，应承担怎样的责任？

答：违反《中华人民共和国放射性污染防治法》的规定，未建造放射性污染防治设施、放射防护设施，或者防治防护设施未经验收合格，主体工程即投入生产或者使用的，由审批环境影响评价文件的环境保护行政主管部门责令停止违法行为，限期改正，并处五万元以上二十万元以下罚款。

（二）法院裁判的理由

法院认为，涉案《建设项目选址意见书》是乙市规划局对某市医学院附属医院模拟临床医疗基地建设项目选址所作出的行政许可，该建设项目属于教育科研用途，并非建设医院。上诉人张某等 57 人并无确切证据证明该建设项目的选址损害了其合法利益，也无充足的理由说明该建设项目的选址会损害其合法利益。因此，上诉人与上述行政许可行为没有利害关系，不具有行政诉讼原告资格。上诉人担心的建设单位借建设模拟临床医疗基地之名建设医院的问题，与涉案建设项目选址行政许可本身并无必然的联系，属于其他管理问题。一审判决认为涉案《建设项目选址意见书》不属于行政诉讼受案范围欠妥，应予纠正，但一审判决不对其进行实体处理，并无不当。

根据《中华人民共和国行政复议法实施条例》第二十八条第（二）项的规定，申请人申请行政复议的，须与被申请复议的行政行为有利害关系。鉴于上诉人与涉案《建设项目选址意见书》没有利害关系，故自治区住建厅受理上诉人的复议申请并作出复议决定，缺乏法律依据。一审判决撤销其复议决定并无不当。

上诉人的上诉请求理据不足，法院依法不予支持。依照《中华人民共和国行政诉讼法》第八十九条第一款第（一）项的规定，判决驳回上诉，维持原判。二审案件受理费50元，由上诉人张某等57人负担。

（三）法院裁判的法律依据

《中华人民共和国行政复议法》：

第六条　有下列情形之一的，公民、法人或者其他组织可以依照本法申请行政复议：

（一）对行政机关作出的警告、罚款、没收违法所得、没收非法财物、责令停产停业、暂扣或者吊销许可证、暂扣或者吊销执照、行政拘留等行政处罚决定不服的；

（二）对行政机关作出的限制人身自由或者查封、扣押、冻结财产等行政强制措施决定不服的；

（三）对行政机关作出的有关许可证、执照、资质证、资格证等证书变更、中止、撤销的决定不服的；

（四）对行政机关作出的关于确认土地、矿藏、水流、森林、山岭、草原、荒地、滩涂、海域等自然资源的所有权或者使用权的决定不服的；

（五）认为行政机关侵犯合法的经营自主权的；

（六）认为行政机关变更或者废止农业承包合同，侵犯其合法权益的；

（七）认为行政机关违法集资、征收财物、摊派费用或者违法要求履行其他义务的；

（八）认为符合法定条件，申请行政机关颁发许可证、执照、资质证、资格证等证书，或者申请行政机关审批、登记有关事项，行政机关没有依法办理的；

（九）申请行政机关履行保护人身权利、财产权利、受教育权利的法定职责，行政机关没有依法履行的；

（十）申请行政机关依法发放抚恤金、社会保险金或者最低生活保障费，行政机关没有依法发放的；

（十一）认为行政机关的其他具体行政行为侵犯其合法权益的。

《中华人民共和国行政诉讼法》：

第八十九条　人民法院审理上诉案件，按照下列情形，分别处理：

（一）原判决、裁定认定事实清楚，适用法律、法规正确的，判决或者裁定驳回上诉，维持原判决、裁定；

（二）原判决、裁定认定事实错误或者适用法律、法规错误的，依法改判、撤销或者变更；

（三）原判决认定基本事实不清、证据不足的，发回原审人民法院重审，或者查清事实后改判；

（四）原判决遗漏当事人或者违法缺席判决等严重违反法定程序的，裁定撤销原判决，发回原审人民法院重审。

原审人民法院对发回重审的案件作出判决后，当事人提起上诉的，第二审人民法院不得再次发回重审。

人民法院审理上诉案件，需要改变原审判决的，应当同时对被诉行政行为作出判决。

（四）上述案例的启示

二审法院判决驳回张某等 57 人上诉，维持原判，理由是上诉人与上述行政许可行为没有利害关系，不具有行政诉讼原告资格。

上述案例给我们的一个启示是，行政诉讼原告胜诉的条件之一是必须要有原告资格。

行政诉讼原告资格是指符合法律规定的条件，根据法律的规定，能够向法院提起行政诉讼的资格。

《中华人民共和国行政诉讼法》第二条第一款规定："公民、法人或者其他组织认为行政机关和行政机关工作人员的行政行为侵犯其合法权益，有权依照本法向人民法院提起诉讼。"第二十五条第一款又进一步作出具体规定："行政行为的相对人以及其他与行政行为有利害关系的公民、法人或者其他组织，有权提起诉讼。"

有下列情形之一的，属于"与行政行为有利害关系"：

1. 被诉的行政行为涉及其相邻权或者公平竞争权的；

2. 在行政复议等行政程序中被追加为第三人的；

3. 要求行政机关依法追究加害人法律责任的；

4. 撤销或者变更行政行为涉及其合法权益的；

5. 为维护自身合法权益向行政机关投诉，具有处理投诉职责的行政机关作出或者未作出处理的；

6. 其他与行政行为有利害关系的情形。

第三部分　刑事篇

案例一　非法买卖核材料，刑事责任罪难逃

一、引子和案例

（一）案例简介

违反国家对放射性物质的管理制度，明知是具有放射性的物质，仍为他人联系出售，构成非法买卖危险物质罪。

公诉机关指控，被告人李某于2006年至2008年1月间，明知刘某（已被判刑）储存的一块凹形物体系放射性物质，仍然在C市联系于某、左某等人，帮助刘某向他人出售。2008年1月17日，李某被抓获归案。公安人员在S省A县B村某农户院内将该放射性物质起获。经鉴定，该凹形物体具有放射性，系放射核素铀238、铀235，铀235与铀238的组合比约为1∶114，判断是核材料，属于生产过程中的中间产品。

被告人李某供述：2005年七八月，刘某对他说，自己手里有一块浓缩铀，重20余千克，准备按每千克三四万美元出售，让他帮助找买家。他知道铀是核材料，但他为了从中赚取差价，就同意了。他经过咨询得知浓缩铀有放射性，国家禁止买卖，黑市价每千克三四十万美元。他觉得利润很大值得冒险。后来，他在刘某家院子角落一只水缸

下的木箱里，见到一块灰黑色两头有犄角的不规则椭圆形物质，高约20厘米，直径15厘米，他称了称该物体有25千克。刘某称这就是浓缩铀，经过化验纯度是99.9%。刘某还给了他浓缩铀的照片，他便开始找买家，先后找过北京的高某、左某、司马某某，这些人都回绝并告诉他这事违法，他没有听。他从浓缩铀上先后取下2块样品，连同照片、化验单一起，让他的朋友帮助寻找买家，都没结果。他让刘某拍下浓缩铀的照片传给他。他在照片上标明产地、纯度、重量，刻成光盘。2007年三四月份，他将此事告诉于某。于某称认识蒙古国一个开铀矿的人，愿意帮助联系，他向于某开价每千克10万美元。2007年7月，他在北京将存有浓缩铀照片及相关信息的光盘交给于某。2007年11月，于某称戴某联系了1名新加坡人愿意购买，但要等到次年1月，他和于某约定，谁先来卖给谁。2008年1月，于某称这次肯定能成，1月17日他被警察抓获。

被告人李某从10张不同男性照片中辨认出刘某就是让其帮助联系出售浓缩铀的男子。

（二）裁判结果

法院判决被告人李某犯非法买卖危险物质罪，判处有期徒刑一年六个月。

（三）与案例相关的问题：

哪些行为可以构成放射性污染犯罪？

刑事诉讼程序中涉及的期间该如何计算？

本案的被告人认罪、不认罪或作无罪辩护对法庭辩论有何影响？

什么是单位犯罪？

什么是共同犯罪？

什么是主犯，什么是从犯？

什么是数罪并罚？

如何认定放射性污染行为的"违法性"？

可以构成放射性污染犯罪的犯罪主体有哪些？

过失行为能否构成放射性污染犯罪？

在刑法理论上，认定放射性污染行为构成犯罪、承担刑事责任的逻辑是什么？

被告人行使自己最后陈述的权利时有哪些行为，法庭应当制止？

二、相关知识

问：哪些行为可以构成放射性污染犯罪？

答：根据《中华人民共和国刑法》第三百三十八条规定，可以构成污染环境罪的放射性污染行为系指行为主体违反国家规定，向土地、水体、大气所实施的排放、倾倒或者处置有放射性废物的行为，这些行为即可以构成《中华人民共和国刑法》第三百三十八条所称的污染环境罪。

所谓排放是指排泄放出，包括泵出、溢出、泄出、喷出、倒出等。

所谓倾倒是指倒出、倾卸的行为动作，通过一定运输工具或装载物体将某种特定物质变动空间后予以任意倾卸。

所谓处置是指安排、处理，通常是指以焚烧、填埋或其他改变特定物质的化学属性或物理属性的方式，处理特定物质或者将其置于特定场所或者设施并不再取回的行为。

三、与案件相关的法律问题

（一）学理知识

问：刑事诉讼程序中涉及的期间该如何计算？

答：期间以时、日、月计算。

期间开始的时和日不算在期间以内。

法定期间不包括路途上的时间。上诉状或者其他文件在期满前已经交邮的，不算过期。

期间的最后一日为节假日的，以节假日后的第一日为期满日期，但犯罪嫌疑人、被告人或者罪犯在押期间，应当至期满之日为止，不得因节假日而延长。

以月计算的期限，自本月某日至下月同日为一个月。期限起算日为本月最后一日的，至下月最后一日为一个月。下月同日不存在的，自本月某日至下月最后一日为一个月。半个月一律按十五日计算。

问：本案的被告人认罪、不认罪或作无罪辩护对法庭辩论有何影响？

答：对被告人认罪的案件，法庭辩论时，可以引导控辩双方主要围绕量刑和其他有争议的问题进行。

对被告人不认罪或者辩护人作无罪辩护的案件，法庭辩论时，可以引导控辩双方先辩论定罪问题，后辩论量刑问题。

问：什么是单位犯罪？

答：单位犯罪是公司、企业、事业单位、机关、团体等法定单位，经单位集体研究决定或由有关负责人员代表单位决定，为本单位谋取利益而故意实施的，或不履行单位法律义务、过失实施的危害社会，而由法律规定为应负刑事责任的行为。污染环境罪是单位犯罪的高发罪行。

问：什么是共同犯罪？

答：二人以上共同故意犯罪的称为共同犯罪。共同犯罪在污染环境罪中十分常见，如多人共同倾倒含有核辐射的肥料，即成立共同犯罪。

问：什么是主犯，什么是从犯？

答：根据《中华人民共和国刑法》第二十六条第一款的规定，组织、领导犯罪集团进行犯罪活动或者在共同犯罪中起主要作用的，是主犯；同时根据《中华人民共和国刑法》第二十七条第一款的规定，在共同犯罪中起次要或者辅助作用的，是从犯。

问：什么是数罪并罚？

答：数罪并罚是《中华人民共和国刑法》中规定对一人犯数罪的情况下的一种量刑情节，是指对触犯两个以上罪名的犯人，就所犯各罪分别定罪量刑后，按一定原则判决宣告执行的刑罚的一种量刑制度。

问：如何认定放射性污染行为的“违法性”？

答：违法性是指被法律所禁止的或者不允许的行为。如果客观上不存在违法性，即使责任重大，也不构成犯罪。违法性判断的核心，取决于是否有违法阻却事由。违法阻却事由是大陆法系中的一个重要概念，是指排除符合构成要件的行为的违法性的事由，包括正当防卫、紧急避险、法令行为、正当业务行为、被害人承诺、自救行为，等等。根据排除事由的法律来源，可将其分为三类：

一是《中华人民共和国刑法》明文规定的违法阻却事由，根据《中华人民共和国刑法》第二十条、第二十一条的规定，正当防卫和紧急避险属于刑法典明确规定的排除事由；

二是其他部门法规定的违法阻却事由，其中法令行为和正当业务行为属于其他专项法律的规定，比如，运动员的搏击行为和医生的手术行为等来自《中华人民共和国体育法》和《中华人民共和国执业医师法》等；

三是法学理论通常认可的违法阻却事由，比如受害人承诺和自救行为。

问：可以构成放射性污染犯罪的犯罪主体有哪些？

答：根据《中华人民共和国刑法》，污染环境罪的犯罪主体为一般主体，包括单位和自然人。造成放射性污染的行为属污染环境罪所规制，单位和自然人均可构成。

问：过失行为能否构成放射性污染犯罪？

答：根据《中华人民共和国刑法》第三百三十八条，可以对环境造成放射性污染的种种行为，均应当是行为人主观追求环境污染（排放、处置）或放任环境污染危害（倾倒）的产物，不可能由过失导致。因此，"过失"的放射性污染行为，并不能导致《中华人民共和国刑法》第三百三十八条所称的环境污染罪，但可以构成其他犯罪，例如《中华人民共和国刑法》第一百一十五条第二款规定的"过失以危险方法危害公共安全罪"等。

问：在刑法理论上，认定放射性污染行为构成犯罪、承担刑事责任的逻辑是什么？

答：首先，放射性污染行为符合《中华人民共和国刑法》规定的全部构成要件，包括犯罪主体（自然人、单位）、犯罪行为（排放、倾倒或者处置有放射性的废物）、犯罪结果（造成重大环境污染事故）和因果关系。

其次，该放射性污染行为需要具有"违法性"，即违反了国家关于环境保护方面的法律法规。

再次，放射性污染行为人在主观上需要具有"有责性"，包括具备刑事责任能力（于犯罪行为发生时精神状况正常，达到刑事责任年龄）

和具备故意、过失。

最后，行为人客观上不具有违法阻却事由（正当防卫、紧急避险等），主观上不具有责任阻却事由（违法性认识可能性、期待可能性等）。

只有经过这四个环节的论证，才能认定行为人需要对其造成放射性污染的行为承担刑事责任。

问：被告人行使自己最后陈述的权利时有哪些行为，法庭应当制止？

答：审判长宣布法庭辩论终结后，合议庭应当保证被告人充分行使最后陈述的权利。被告人在最后陈述中多次重复自己的意见的，审判长可以制止。陈述内容蔑视法庭、公诉人，损害他人及社会公共利益，或者与本案无关的，应当制止。

在公开审理的案件中，被告人最后陈述的内容涉及国家秘密、个人隐私或者商业秘密的，应当制止。

（二）法院裁判的理由

被告人李某违反国家对放射性物质的管理制度，明知是具有放射性的物质，仍为他人联系出售，其行为已构成非法买卖危险物质罪，依法应予惩处。C市人民检察院第一分院指控被告人李某犯罪的事实清楚，证据确实、充分，指控的罪名成立。李某为了出售危险物质，联系他人，制造条件，其行为系犯罪预备，且认罪悔罪，依法可对其减轻处罚。

（三）法院裁判的法律依据

《中华人民共和国刑法》：

第二十二条　为了犯罪，准备工具、制造条件的，是犯罪预备。

对于预备犯，可以比照既遂犯从轻、减轻处罚或者免除处罚。

第四十七条　有期徒刑的刑期，从判决执行之日起计算；判决执行以前先行羁押的，羁押一日折抵刑期一日。

第六十一条　对于犯罪分子决定刑罚的时候，应当根据犯罪的事实、犯罪的性质、情节和对于社会的危害程度，依照本法的有关规定判处。

第一百二十五条　非法制造、买卖、运输、邮寄、储存枪支、弹药、爆炸物的，处三年以上十年以下有期徒刑；情节严重的，处十年以上有期徒刑、无期徒刑或者死刑。

非法制造、买卖、运输、储存毒害性、放射性、传染病病原体等物质，危害公共安全的，依照前款的规定处罚。

单位犯前两款罪的，对单位判处罚金，并对其直接负责的主管人员和其他直接责任人员，依照第一款的规定处罚。

（四）上述案例的启示

在刑事诉讼中，对于法庭笔录，法律规定了被告人的权利。

法庭笔录应当在庭审后交由当事人、法定代理人、辩护人、诉讼代理人阅读或者向其宣读。

法庭笔录中的出庭证人、鉴定人、有专门知识的人的证言和意见部分，应当在庭审后分别交由有关人员阅读或者向其宣读。

前述人员认为记录有遗漏或者差错的，可以请求补充或者改正；确认无误后，应当签名；拒绝签名的，应当记录在案；要求改变庭审中陈述的，不予准许。

案例二　电镀厂非法排污，造成放射性污染

一、引子和案例

（一）案例简介

放射性损伤有急性损伤和慢性损伤。如果人在短时间内受到大剂量的X射线、γ射线和中子射线的全身照射，就会产生急性损伤。在极高的剂量照射下，会发生中枢神经损伤直至死亡。

2014年4月开始，被告人詹某在J市P区A村经营一家无名电镀厂，在未办理环评报批和环境保护竣工验收手续的情况下从事五金件电镀生产，并将产生的电镀污水直接通过其预先埋设的排污管道排放至厂房外面的沟渠，导致附近水体重金属含量严重超标，且受到严重的放射性污染。2015年7月22日，J市环境保护局工作人员根据群众举报，对现场偷排的污水进行检测，发现现场1号排水口排出的污水总铬超标317倍，六价铬超标832倍；现场2号排水口排出的污水总铬超标861倍，六价铬超标2,549倍。被查处后，被告人詹某将上述工厂内的生产设备搬迁至J市P区B村继续经营，直至2016年1月7日被公安人员查获。

（二）裁判结果

法院裁判：被告人詹某无视国家法律，违反国家规定，排放有放射性的废水，严重污染环境，其行为已构成污染环境罪。被告人詹某犯罪以后基本如实供述自己的罪行，可以从轻处罚。依照《中华人民共和国刑法》第三百三十八条、第五十二条、第五十三条、第六十七条第三款之规定，判决如下：被告人詹某犯环境污染罪，判处有期徒刑二年，并处罚金人民币 20,000 元。

（三）与案例相关的问题：

放射性污染行为人刑事责任的承担是否影响其民事赔偿责任的承担？

刑事诉讼程序中的送达应当遵守哪些规定？

在刑法中，有哪些从轻、减轻的法定情节？

什么是累犯？

主刑有哪些种类？

附加刑有哪些种类？

如何认定放射性污染行为的“有责性”？

根据《中华人民共和国刑事诉讼法》的规定，被告人享有辩护权，哪些人员不得担任辩护人？

回避由谁决定？

对驳回申请回避的决定，被告人有什么救济途径？

只有被告人供述，没有其他证据的，是否可以认定被告人有罪？

犯罪行为的追诉时效期限如何计算？

取保候审的保证人应符合哪些条件？

对于哪些情形，不能宣告假释？

人民法院、人民检察院和公安机关可以根据案件情况，责令被取保候审的犯罪嫌疑人、被告人遵守哪些规定？

在哪些情形下，应当撤销假释？

二、相关知识

问：放射性污染行为人刑事责任的承担是否影响其民事赔偿责任的承担？

答：实施放射性污染的行为人在法律面前，会面临三种责任：民事赔偿责任（填补损害）；行政处罚责任（惩罚不法）和刑事罚金责任（惩罚不法）。根据《中华人民共和国刑法》和《中华人民共和国刑事诉讼法》的规定，这三种责任不是互相取代，而是相互并行的。在行为人个人财产有限的情况下，这三种责任很难全部满足，这时候对其课以刑事和行政的罚金势必会影响其民事上的责任承担能力。

法谚有云：迟到的正义即是非正义。让遭受环境污染伤害的人民群众苦苦等待，本身就是一种不公正的表现，因此，为了避免这种情况的发生，《中华人民共和国刑法》第三十六条第二款规定："承担民事赔偿责任的犯罪分子，同时被判处罚金，其财产不足以全部支付的，或者被判处没收财产的，应当先承担对被害人的民事赔偿责任。"这就保障了公民的民事赔偿请求权得以保障。因此，放射性污染行为人刑事、行政责任的承担并不会影响其民事赔偿责任的承担。

三、与案件相关的法律问题

（一）学理知识

问：刑事诉讼程序中的送达应当遵守哪些规定？

答：送达传票、通知书和其他诉讼文件应当交给收件人本人；如果本人不在，可以交给他的成年家属或者所在单位的负责人员代收。

收件人本人或者代收人拒绝接收或者拒绝签名、盖章的时候，送达人可以邀请他的邻居或者其他见证人到场，说明情况，把文件留在他的住处，在送达证上记明拒绝的事由、送达的日期，由送达人签名，即认为已经送达；也可以把诉讼文书留在受送达人的住处，并采用拍照、录像等方式记录送达过程，即视为送达。

直接送达诉讼文书有困难的，可以委托收件人所在地的人民法院代为送达，或者邮寄送达。

委托送达的，应当将委托函、委托送达的诉讼文书及送达回证寄送受托法院。受托法院收到后，应当登记，在十日内送达收件人，并将送达回证寄送委托法院；无法送达的，应当告知委托法院，并将诉讼文书及送达回证退回。

邮寄送达的，应当将诉讼文书、送达回证挂号邮寄给收件人。挂号回执上注明的日期为送达日期。

诉讼文书的收件人是军人的，可以通过其所在部队团级以上单位的政治部门转交。

收件人正在服刑的，可以通过执行机关转交。

收件人正在被采取强制性教育措施的，可以通过强制性教育机构转交。

由有关部门、单位代为转交诉讼文书的，应当请有关部门、单位收到后立即交收件人签收，并将送达回证及时寄送人民法院。

问：在刑法中，有哪些从轻、减轻的法定情节？

答：从轻、减轻的法定情节，在刑法分则具体罪名及相应司法解释之中不下数十种，均是根据具体的罪名进行的认定。通用的法定情节主要有坦白、自首、立功这三种。

问：什么是累犯？

答：所谓累犯是指受过一定的刑罚处罚，刑罚执行完毕或者赦免以后，在法定期限内又犯被判处一定的刑罚之罪的罪犯。累犯的犯罪分子情节恶劣，社会危害性大，应当从重处罚。

问：主刑有哪些种类？

答：《中华人民共和国刑法》规定刑罚分为主刑和附加刑。主刑是对犯罪分子适用的主要刑罚，它只能独立使用，不能相互附加适用。主刑分为五种：管制、拘役、有期徒刑、无期徒刑和死刑。

问：附加刑有哪些种类？

答：附加刑是补充主刑适用的刑罚方法。其特点是既能独立适用，也能附加适用。附加刑包括罚金、没收财产、剥夺政治权利、驱逐出境（仅适用于外国人）。

问：如何认定放射性污染行为的“有责性”？

答：“有责性”是“三阶层”犯罪构成理论的最后一层，是指能够就符合构成要件的违法行为对行为人进行非难、谴责的可能性，即只有当行为人存在主观责任时，其行为才构成犯罪。主观责任包括对刑事责任能力、刑事责任年龄、故意责任、过失责任的判断。

刑事责任能力是指行为人辨认和控制自己行为的能力。辨认能力是指一个人对自己行为的性质、意义和后果的认识能力；控制能力是指一个人按照自己的意志支配自己行为的能力。例如有些精神病人在疾病发作时，不能辨认、控制自己的行为，此时就不具有刑事责任能力。

问：根据《中华人民共和国刑事诉讼法》的规定，被告人享有辩护权，哪些人员不得担任辩护人？

答：人民法院审判案件，应当充分保障被告人依法享有的辩护权利。

被告人除自己行使辩护权以外，还可以委托辩护人辩护。下列人员不得担任辩护人：

1. 正在被执行刑罚或者处于缓刑、假释考验期间的人；

2. 依法被剥夺、限制人身自由的人；

3. 无行为能力或者限制行为能力的人；

4. 人民法院、人民检察院、公安机关、国家安全机关、监狱的现职人员；

5. 人民陪审员；

6. 与本案审理结果有利害关系的人；

7. 外国人或者无国籍人。

问：回避由谁决定？

答：审判人员、检察人员、侦查人员的回避，应当分别由院长、检察长、公安机关负责人决定；院长的回避，由本院审判委员会决定；检察长和公安机关负责人的回避，由同级人民检察院检察委员会决定。

问：对驳回申请回避的决定，被告人有什么救济途径？

答：当事人及其法定代理人申请回避被驳回的，可以在接到决定时申请复议一次。不属于《中华人民共和国刑事诉讼法》第二十九条规定情形的回避申请，由法庭当庭驳回，并不得申请复议。

问：只有被告人供述，没有其他证据的，是否可以认定被告人有罪？

答：对一切案件的判处都要重证据，重调查研究，不轻信口供。只有被告人供述，没有其他证据的，不能认定被告人有罪和处以刑罚；没有被告人供述，证据确实、充分的，可以认定被告人有罪和处以刑罚。

证据确实、充分，应当符合以下条件：

1. 定罪量刑的事实都有证据证明；

2. 据以定案的证据均经法定程序查证属实；

3. 综合全案证据，对所认定事实已排除合理怀疑。

问：犯罪行为的追诉时效期限如何计算？

答：犯罪行为经过下列期限不再追诉：

1. 法定最高刑为不满五年有期徒刑的，经过五年；

2. 法定最高刑为五年以上不满十年有期徒刑的，经过十年；

3. 法定最高刑为十年以上有期徒刑的，经过十五年；

4. 法定最高刑为无期徒刑、死刑的，经过二十年。如果二十年以后认为必须追诉的，须报请最高人民检察院核准。

问：取保候审的保证人应符合哪些条件？

答：应符合下列条件：

1. 与本案无牵连；

2. 有能力履行保证义务；

3. 享有政治权利，人身自由未受到限制；

4. 有固定的住处和收入。

问：对于哪些情形，不能宣告假释？

答：对累犯以及因故意杀人、强奸、抢劫、绑架、放火、爆炸、投放危险物质或者有组织的暴力性犯罪被判处十年以上有期徒刑、无期徒刑的犯罪分子，不得假释。

问：人民法院、人民检察院和公安机关可以根据案件情况，责令被取保候审的犯罪嫌疑人、被告人遵守哪些规定？

答：人民法院、人民检察院和公安机关可以根据案件情况，责令被取保候审的犯罪嫌疑人、被告人遵守下列规定：

1. 不得进入特定的场所；

2. 不得与特定的人员会见或者通信；

3. 不得从事特定的活动；

4. 将护照等出入境证件、驾驶证件交执行机关保存。

问：在哪些情形下，应当撤销假释？

答：被假释的犯罪分子，在假释考验期限内犯新罪，应当撤销假释，依照《中华人民共和国刑法》第七十一条的规定实行数罪并罚。

在假释考验期限内，发现被假释的犯罪分子在判决宣告以前还有其他罪没有判决的，应当撤销假释，依照《中华人民共和国刑法》第七十条的规定实行数罪并罚。

被假释的犯罪分子，在假释考验期限内，有违反法律、行政法规或者国务院有关部门关于假释的监督管理规定的行为，尚未构成新的犯罪的，应当依照法定程序撤销假释，收监执行未执行完毕的刑罚。

（二）法院裁判的理由

检察院指控被告人詹某无视国家法律，违反国家规定，排放有放射性的废水，严重污染环境，事实清楚，证据确实、充分，指控的罪名成立，其行为已构成污染环境罪。被告人詹某犯罪以后基本如实供述自己的罪行，可以从轻处罚。

（三）法院裁判的法律依据

《中华人民共和国刑法》：

第三十六条　由于犯罪行为而使被害人遭受经济损失的，对犯罪分子除依法给予刑事处罚外，并应根据情况判处赔偿经济损失。

承担民事赔偿责任的犯罪分子，同时被判处罚金，其财产不足以全部支付的，或者被判处没收财产的，应当先承担对被害人的民事赔偿责任。

第五十二条　判处罚金，应当根据犯罪情节决定罚金数额。

第五十三条　罚金在判决指定的期限内一次或者分期缴纳。期满不缴纳的，强制缴纳。对于不能全部缴纳罚金的，人民法院在任何时候发现被执行人有可以执行的财产，应当随时追缴。

由于遭遇不能抗拒的灾祸等原因缴纳确实有困难的，经人民法院裁定，可以延期缴纳、酌情减少或者免除。

第六十七条　犯罪以后自动投案，如实供述自己的罪行的，是自首。对于自首的犯罪分子，可以从轻或者减轻处罚。其中，犯罪较轻的，可以免除处罚。

被采取强制措施的犯罪嫌疑人、被告人和正在服刑的罪犯，如实供述司法机关还未掌握的本人其他罪行的，以自首论。

犯罪嫌疑人虽不具有前两款规定的自首情节，但是如实供述自己罪行的，可以从轻处罚；因其如实供述自己罪行，避免特别严重后果发生的，可以减轻处罚。

第三百三十八条　违反国家规定，排放、倾倒或者处置有放射性的废物、含传染病病原体的废物、有毒物质或者其他有害物质，严重污染环境的，处三年以下有期徒刑或者拘役，并处或者单处罚金；后果特别严重的，处三年以上七年以下有期徒刑，并处罚金。

《中华人民共和国刑事诉讼法》（2012 年版）：

第九十九条第一款　被害人由于被告人的犯罪行为而遭受物质损失的，在刑事诉讼过程中，有权提起附带民事诉讼。被害人死亡或者丧失行为能力的，被害人的法定代理人、近亲属有权提起附带民事诉讼。

（四）上述案例的启示

放射性污染行为人要承担相应的刑事责任。

根据《中华人民共和国刑法》规定，刑罚分为主刑和附加刑两类。主刑有五种：管制、拘役、有期徒刑、无期徒刑和死刑；附加刑有四种：罚金、剥夺政治权利、没收财产和驱逐出境（仅适用于外国人）。主刑和附加刑均可以独立适用。

根据《中华人民共和国刑法》第三百三十八条规定，犯“污染环境罪”的犯罪分子，处三年以下有期徒刑或者拘役，并处或者单处罚金；后果特别严重的，处三年以上七年以下有期徒刑，并处罚金。

如何认定“后果特别严重”？按照《最高人民法院、最高人民检察院关于办理环境污染刑事案件适用法律若干问题的解释》第三条，实施刑法第三百三十八条、第三百三十九条规定的行为，具有下列情形之一的，应当认定为“后果特别严重”：

（一）致使县级以上城区集中式饮用水水源取水中断十二小时以上的；

（二）非法排放、倾倒、处置危险废物一百吨以上的；

（三）致使基本农田、防护林地、特种用途林地十五亩以上，其他农用地三十亩以上，其他土地六十亩以上基本功能丧失或者遭受永久性破坏的；

（四）致使森林或者其他林木死亡一百五十立方米以上，或者幼树死亡七千五百株以上的；

（五）致使公私财产损失一百万元以上的；

（六）造成生态环境特别严重损害的；

（七）致使疏散、转移群众一万五千人以上的；

（八）致使一百人以上中毒的；

（九）致使十人以上轻伤、轻度残疾或者器官组织损伤导致一般功能障碍的；

（十）致使三人以上重伤、中度残疾或者器官组织损伤导致严重功能障碍的；

（十一）致使一人以上重伤、中度残疾或者器官组织损伤导致严重功能障碍，并致使五人以上轻伤、轻度残疾或者器官组织损伤导致一般功能障碍的；

（十二）致使一人以上死亡或者重度残疾的；

（十三）其他后果特别严重的情形。

案例三　无放射作业资格，致发生重大事故

一、引子和案例

（一）案例简介

本案例是因为违反放射性物品的管理规定，在生产过程中发生重大事故造成严重后果的刑事案件，被告人对一审不服，提出上诉。

原审判决认定，某工程检测发展有限公司南京项目部在承接某油品质量升级及原油劣质化改造项目建设过程中，作为负责项目日常安全、管理的被告人孙某明知被告人李某、苏某等人不具有放射作业资格，仍安排其至南京生产基地使用放射装置进行探伤作业。

2014 年 5 月 6 日 20 时至 5 月 7 日 3 时，被告人李某带领被告人苏某在作业结束回收放射源时发生事故，被告人苏某作为现场直接操作人员违规拆卸放射装置，被告人李某作为现场实际管理人员未及时制止，致放射源铱 -192 丢失在现场。

7 日 7 时许，清洁工王某在打扫卫生时捡拾到放射源铱 -192 后放置在身上约 3 个小时，后又带回家中存放。

8 日，南京项目部人员发现放射源丢失，至公安机关报案，省、市、区环保、公安、卫生部门立即组成应急现场指挥部，分别开展巡测、

侦查、医学检查工作。

9日中午，被害人王某因害怕事发又将放射源铱-192丢弃在本区附近的野外。

经全力搜寻，环保部门于5月10日18时将失控80余小时的放射源铱-192安全收回专用铅罐内。

被害人王某因受放射源照射，腿部出现溃烂，在苏州大学附属第二医院治疗，共花费人民币1,801,615.2元；在江北人民医院治疗，共花费人民币167522.3元。

2014年5月8日，被告人李某、苏某、孙某主动投案，归案后均如实供述了上述事实。2016年5月16日，某工程检测发展有限公司赔偿被害人王某人民币1,100,000元。

上述事实，三被告人在一审开庭审理过程中均无异议，另有经过原审法院庭审质证、认证的证据予以证实。原审法院认为，被告人孙某、李某、苏某违反放射性物品的管理规定，在生产过程中发生重大事故，造成严重后果，其行为均已构成危险物品肇事罪，应分别依法予以惩处。被告人孙某、李某、苏某主动投案并如实供述罪行，均系自首，分别依法予以从轻处罚。鉴于某工程检测发展有限公司对被害人作出赔偿，对被告孙某、李某、苏某分别酌情予以从轻处罚。宣判后，原审被告人孙某不服，以"量刑过重，请求适用缓刑"等为由提出上诉，请求二审法院发回重审或依法改判。

检察院经审查认为，一审法院判决认定事实清楚，证据确实、充分，定性准确，量刑适当，审判程序合法，建议驳回上诉，维持原判。

二审法院经审理查明上诉人孙某、原审被告人李某和苏某构成危险物品肇事罪的事实及证据与原审判决一致。上诉人孙某及其辩护人在法院审理期间均未提出新的证据，法院对经原审质证、认证的证据予以确认。

法院认为，上诉人（原审被告人）孙某、原审被告人李某和苏某违反放射性物品的管理规定，在使用中发生重大事故，造成严重后果，其行为均已构成危险物品肇事罪。原审法院判决认定上诉人孙某、原审被告人李某和苏某构成危险物品肇事罪的事实清楚，证据确实、充分，定性准确，量刑适当，审判程序合法，应予维持。

（二）裁判结果

一审法院依照《中华人民共和国刑法》《最高人民法院、最高人民检察院关于办理危害生产安全刑事案件适用法律若干问题的解释》等相关规定，以危险物品肇事罪分别判处被告人孙某有期徒刑一年六个月；判处被告人李某有期徒刑一年，缓刑一年；判处被告人苏某有期徒刑一年，缓刑一年；禁止被告人李某、苏某在缓刑考验期限内从事与安全生产相关联的特定活动。

宣判后，原审被告人孙某不服，以“量刑过重，请求适用缓刑”为由提出上诉。

二审法院认为原审被告人孙某的上诉理由不能成立，法院不予采纳。原审法院判决认定上诉人孙某、原审被告人李某和苏某构成危险物品肇事罪的事实清楚，证据确实、充分，定性准确，量刑适当，审判程序合法，应予维持，裁定驳回上诉，维持原判。

（三）与案例相关的问题：

如何认定违反放射性物品的管理规定，在生产、储存、运输、使用中发生的重大事故“造成严重后果”？

哪些人员应当接受辐射安全培训？

什么是危险物品肇事罪？

本案有三个被告，为什么孙某不适用缓刑，而李某和苏某适用缓刑？

李某、苏某在缓刑考验期内应当遵守哪些规定？

对宣告缓刑的犯罪分子会有哪些处理情况？

为什么对本案的被告孙某、李某、苏某从轻处罚？从轻处罚与减轻处罚有何不同？

可以从轻或者减轻处罚的法定量刑情节有哪些？

二、相关知识

问：如何认定违反放射性物品的管理规定，在生产、储存、运输、使用中发生的重大事故“造成严重后果”？

答：违反放射性物品的管理规定，在生产、储存、运输、使用中发生重大事故，造成严重后果的，处三年以下有期徒刑或者拘役。

本案中，孙某违反放射性物品的管理规定，在生产、储存、运输、使用中发生重大事故，“造成严重后果”，法院以危险物品肇事罪判处有期徒刑一年六个月。

如何认定“造成严重后果”，《最高人民法院、最高人民检察院关于办理危害生产安全刑事案件适用法律若干问题的解释》第六条规定，实施刑法第一百三十六条规定的行为，因而发生安全事故，具有下列情形之一的，应当认定为“造成严重后果”，对相关责任人员，处三年以下有期徒刑或者拘役：

（一）造成死亡一人以上，或者重伤三人以上的；

（二）造成直接经济损失一百万元以上的；

（三）其他造成严重后果或者重大安全事故的情形。

三、与案件相关的法律问题

（一）学理知识

问：哪些人员应当接受辐射安全培训？

答：生产、销售、使用放射性同位素与射线装置的单位，应当按照生态环境部审定的辐射安全培训和考试大纲，对直接从事生产、销售、使用放射性同位素与射线装置的操作人员以及辐射防护负责人进行辐射安全培训，并进行考核；考核不合格的，不得上岗。

辐射安全培训分为高级、中级和初级三个级别。

从事下列活动的辐射工作人员，应当接受中级或者高级辐射安全培训：

1. 生产、销售、使用Ⅰ类放射源的；

2. 在甲级非密封放射性物质工作场所操作放射性同位素的；

3. 使用Ⅰ类射线装置的；

4. 使用伽玛射线移动探伤设备的。

从事前款所列活动单位的辐射防护负责人，以及从事前款所列装置、设备和场所设计、安装、调试、倒源、维修以及其他与辐射安全相关技术服务活动的人员，应当接受中级或者高级辐射安全培训。

其他辐射工作人员，应当接受初级辐射安全培训。

问：什么是危险物品肇事罪？

答：危险物品肇事罪是指违反爆炸性、易燃性、放射性、毒害性、腐蚀性物品的管理规定，在生产、储存、运输、使用危险物品的过程中，由于过失发生重大事故，造成严重后果的行为。

1. 客体要件：危险物品肇事罪侵犯的客体是公共安全，即不特定多数人的生命、健康和重大公私财产的安全。犯罪对象是特定的，即能够引起重大事故的发生，致人重伤、死亡或使公私财产遭受重大损失的危险物品，包括爆炸性物品、易燃性物品、放射性物品、毒害性物品、腐蚀性物品。

2. 客观要件：危险物品肇事罪在客观方面表现为在生产、储存、运输、使用危险物品的过程中，违反危险物品管理规定，发生重大事故，造成严重后果的行为。

（1）行为人必须有违反危险物品管理规定的行为，如违反《放射性同位素与射线装置放射防护条例》《中华人民共和国核材料管理条例》《中华人民共和国核设施安全监督管理条例》等。

（2）违反危险物品管理规定的行为必须是发生在生产、储存、运输、使用上述危险物品的过程中。

（3）必须因违反危险物品管理规定而发生重大事故，造成严重后果。如果造成的后果不严重的，则不构成本罪。

（4）发生重大事故，造成严重后果，必须是由违反危险物品管理规定的行为所引起的，即两者之间存在刑法上的因果关系。如果发生重大事故，造成严重后果不是由于行为人在生产、储存、运输、使用危险物品过程中，违反危险物品管理规定造成的，则不构成本罪。

3. 主体要件：本罪的主体为一般主体。主要是从事生产、储存、运输、使用爆炸性、易燃性、放射性、毒害性、腐蚀性物品的职工。但不排除其他人也可能构成本罪。

4. 主观要件：本罪在主观方面表现为过失，即行为人对违反危险品管理规定的行为所造成的危害结果具有疏忽大意或者过于自信的主观心理。至于行为人对违反危险物品管理规定的本身则既可能出于过失，也可能出于故意。

问：本案有三个被告，为什么孙某不适用缓刑，而李某和苏某适用缓刑？

答：法院一审以危险物品肇事罪判处被告人孙某有期徒刑一年六个月；判处被告人李某有期徒刑一年，缓刑一年；判处被告人苏某有期徒刑一年，缓刑一年；禁止被告人李某、苏某在缓刑考验期限内从事与安全生产相关联的特定活动。

法院判决孙某不适用缓刑，而李某和苏某适用缓刑，是因为孙某不符合适用缓刑的条件，李某和苏某具备缓刑条件。

孙某对重大辐射事故的发生负有直接责任，且造成严重后果，该事故还引发了社会恐慌，产生了不良的社会影响，故法院认定对孙某不宜适用缓刑。

缓刑是指被判拘役、三年以下有期徒刑的犯罪人，根据其犯罪情节和悔罪表现，如果暂缓执行刑罚没有再犯罪的危险，对所居住的社区没有重大不良影响的，就规定一定的考验期暂缓刑罚的执行。在考验期内，如果遵守一定的条件，原判刑罚就不再执行。缓刑包括可以宣告缓刑和应当宣告缓刑。

适用缓刑必须具备下列条件：

1. 犯罪分子被判处拘役或者3年以下有期徒刑的刑罚；

2. 同时符合下列条件的，可以宣告缓刑：

①犯罪情节较轻；

②有悔罪表现；

③没有再犯罪的危险；

④宣告缓刑对所居住社区没有重大不良影响。

同时符合下列条件的，对其中不满十八周岁的人、怀孕的妇女和已满七十五周岁的人，应当宣告缓刑：

①犯罪情节较轻；

②有悔罪表现；

③没有再犯罪的危险；

④宣告缓刑对所居住社区没有重大不良影响。

3. 犯罪分子不是累犯，即使累犯被判处拘役或3年以下有期徒刑，也不能适用缓刑。对于累犯和犯罪集团的首要分子，不适用缓刑。

问：李某、苏某在缓刑考验期内应当遵守哪些规定？

答：李某、苏某在缓刑考验期内应当遵守下列规定：

1. 遵守法律、行政法规，服从监督；

2. 按照考察机关的规定报告自己的活动情况;

3. 遵守考察机关关于会客的规定;

4. 离开所居住的市、县或者迁居，应当报经考察机关批准。

拘役的缓刑考验期限为原判刑期以上一年以下，但是不能少于二个月。

有期徒刑的缓刑考验期限为原判刑期以上五年以下，但是不能少于一年。

缓刑考验期限，从判决确定之日起计算。

问：对宣告缓刑的犯罪分子会有哪些处理情况?

答：对宣告缓刑的犯罪分子，在缓刑考验期限内，依法实行社区矫正，如果没有缓刑撤销的情形，缓刑考验期满，原判的刑罚就不再执行，并公开予以宣告。

被宣告缓刑的犯罪分子，在缓刑考验期限内犯新罪或者发现判决宣告以前还有其他罪没有判决的，应当撤销缓刑，对新犯的罪或者新发现的罪作出判决，把前罪和后罪所判处的刑罚，依照《中华人民共和国刑法》第六十九条的规定，决定执行的刑罚。

被宣告缓刑的犯罪分子，在缓刑考验期限内，违反法律、行政法规或者国务院有关部门关于缓刑的监督管理规定，或者违反人民法院判决中的禁止令，情节严重的，应当撤销缓刑，执行原判刑罚。

问：为什么对本案的被告孙某、李某、苏某从轻处罚?从轻处罚与减轻处罚有何不同?

答：从轻处罚是指在法定刑的限度内、在量刑标准范围内或者处罚幅度内判处较轻的刑罚。

以危险物品肇事罪为例，造成严重后果的，处三年以下有期徒刑或者拘役；后果特别严重的，处三年以上七年以下有期徒刑。

本案被告人孙某、李某、苏某的行为造成严重后果，但是他们主动投案并如实供述罪行，都被认定为自首，分别依法予以从轻处罚，这就是在法定刑的限度以内判处刑罚。

减轻处罚不同于从轻处罚。减轻处罚指的是在法定刑以下判处刑罚，以低于量刑标准的最低限处罚；有数个量刑幅度的，应当在法定量刑幅度的下一个量刑幅度内判处刑罚。从轻处罚没有突破刑法分则中对罪名规定的量刑幅度，而减轻处罚则可以突破规定，低于法定的量刑最轻标准。

比如危险物品肇事罪，造成严重后果的，处三年以下有期徒刑或者拘役；后果特别严重的，处三年以上七年以下有期徒刑。危险物品肇事罪有两个量刑幅度，一个是三年以下有期徒刑或拘役，一个则是三年以上七年以下有期徒刑，假如被告人孙某、李某、苏某的犯罪行为本来应当适用三年以上七年以下有期徒刑的量刑幅度，但是由于有法定减轻处罚情节，因此适用第一个量刑幅度，即三年以下有期徒刑或拘役。如被判处二年有期徒刑，就是减轻处罚。

问：可以从轻或者减轻处罚的法定量刑情节有哪些？

答：法定量刑情节是指法律有明文规定的量刑情节，包括刑法总则、刑法分则和其他刑事法律规定的量刑情节。以情节对量刑产生的轻重性质为标准，可以将法定量刑情节分为从宽情节和从严情节。从宽情节是指对犯罪人的量刑产生从宽或者有利影响的具体事实，包括免除处罚的情节、减轻处罚的情节、从轻处罚的情节。从严情节是对犯罪人的量刑产生从严和不利影响的具体事实，也就是从重处罚的情节。

可以从轻或者减轻处罚的情节包括：

1. 尚未完全丧失辨认或者控制自己行为能力的精神病人犯罪的，应当负刑事责任，但是可以从轻或者减轻处罚。

2. 已满 75 周岁的人故意犯罪的，可以从轻或者减轻处罚；过失犯罪的，应当从轻或者减轻处罚。

3. 未遂犯可以比照既遂犯从轻或者减轻处罚。

4. 被教唆的人没有犯被教唆的罪，对于教唆犯，可以从轻或者减轻处罚。

5. 犯罪以后自动投案，如实供述自己的罪行的，是自首。对于自首的犯罪分子，可以从轻或者减轻处罚。其中，犯罪较轻的，可以免除处罚。

6. 犯罪分子有揭发他人犯罪行为，查证属实的，或者提供重要线索，从而得以侦破其他案件等立功表现的，可以从轻或者减轻处罚。

7. 收买被拐卖的妇女、儿童，对被买儿童没有虐待行为，不阻碍对其进行解救的，可以从轻处罚；按照被买妇女的意愿，不阻碍其返回原居住地的，可以从轻或者减轻处罚。

8. 行贿人在被追诉前主动交待行贿行为的，可以从轻或者减轻处罚。其中，犯罪较轻的，对侦破重大案件起关键作用的，或者有重大立功表现的，可以减轻或者免除处罚。

（二）法院裁判的理由

原审法院认为，被告人孙某、李某、苏某违反放射性物品的管理规定，在生产过程中发生重大事故，造成严重后果，其行为均已构成危险物品肇事罪，应分别依法予以惩处。被告人孙某、李某、苏某主动投案并如实供述罪行，均系自首，分别依法予以从轻处罚。鉴于已对被害人作出赔偿，故对被告人孙某、李某、苏某分别酌情予以从轻处罚。

据此，以危险物品肇事罪分别判处被告人孙某有期徒刑一年六个月；判处被告人李某有期徒刑一年，缓刑一年；判处被告人苏某有期徒刑一年，缓刑一年；禁止被告人李某、苏某在缓刑考验期限内从事与安全生产相关联的特定活动。宣判后，原审被告人孙某不服，以“量刑过重，请求适用缓刑”为由提出上诉。

二审法院经审理查明上诉人孙某、原审被告人李某和苏某构成危险物品肇事罪的事实及证据与原审判决一致。上诉人孙某及其辩护人在法院审理期间均未提出新的证据，法院对经原审质证、认证的证据予以确认。

法院认为，上诉人（原审被告人）孙某、原审被告人李某和苏某违反放射性物品的管理规定，在使用中发生重大事故，造成严重后果，其行为均已构成危险物品肇事罪。关于上诉人孙某提出“量刑过重，请求适用缓刑”的上诉理由，根据《中华人民共和国刑法》规定，犯危险物品肇事造成严重后果的，处三年以下有期徒刑或者拘役。

一审法院根据孙某未尽到相应的管理职责，对重大辐射事故的发生负有直接责任，且造成严重后果的事实，孙某在一审期间具有自首情节，另综合考虑该事故还引发了社会恐慌，产生了不良的社会影响等因素，认定对孙某不宜适用缓刑，在法定量刑幅度内判处孙某有期徒刑一年六个月，并无不当。

综上，原审法院判决认定上诉人孙某、原审被告人李某和苏某构成危险物品肇事罪的事实清楚，证据确实、充分，定性准确，量刑适当。审判程序合法，应予维持。上诉人孙某的辩护人提出“请求二审法院发回重审或依法改判”的辩护意见不能成立，不予采纳。检察院的审查意见正确，法院予以采纳。据此，依照《中华人民共和国刑事诉讼法》相关规定，裁定驳回上诉，维持原判。

（三）法院裁判的法律依据

《中华人民共和国刑法》：

第六十七条　犯罪以后自动投案，如实供述自己的罪行的，是自首。对于自首的犯罪分子，可以从轻或者减轻处罚。其中，犯罪较轻的，可以免除处罚。

被采取强制措施的犯罪嫌疑人、被告人和正在服刑的罪犯，如实供述司法机关还未掌握的本人其他罪行的，以自首论。

犯罪嫌疑人虽不具有前两款规定的自首情节，但是如实供述自己罪行的，可以从轻处罚；因其如实供述自己罪行，避免特别严重后果发生的，可以减轻处罚。

第七十二条　对于被判处拘役、三年以下有期徒刑的犯罪分子，同时符合下列条件的，可以宣告缓刑，对其中不满十八周岁的人、怀孕的妇女和已满七十五周岁的人，应当宣告缓刑：

（一）犯罪情节较轻；

（二）有悔罪表现；

（三）没有再犯罪的危险；

（四）宣告缓刑对所居住社区没有重大不良影响。

宣告缓刑，可以根据犯罪情况，同时禁止犯罪分子在缓刑考验期限内从事特定活动，进入特定区域、场所，接触特定的人。

被宣告缓刑的犯罪分子，如果被判处附加刑，附加刑仍须执行。

第七十三条　拘役的缓刑考验期限为原判刑期以上一年以下，但是不能少于二个月。

有期徒刑的缓刑考验期限为原判刑期以上五年以下，但是不能少于一年。

缓刑考验期限，从判决确定之日起计算。

第一百三十六条　违反爆炸性、易燃性、放射性、毒害性、腐蚀性物品的管理规定，在生产、储存、运输、使用中发生重大事故，造成严重后果的，处三年以下有期徒刑或者拘役；后果特别严重的，处三年以上七年以下有期徒刑。

《最高人民法院、最高人民检察院关于办理危害生产安全刑事案件

适用法律若干问题的解释》:

第十六条　对于实施危害生产安全犯罪适用缓刑的犯罪分子，可以根据犯罪情况，禁止其在缓刑考验期限内从事与安全生产相关联的特定活动；对于被判处刑罚的犯罪分子，可以根据犯罪情况和预防再犯罪的需要，禁止其自刑罚执行完毕之日或者假释之日起三年至五年内从事与安全生产相关的职业。

《中华人民共和国刑事诉讼法》(2012 年版):

第二百二十二条　第二审人民法院应当就第一审判决认定的事实和适用法律进行全面审查，不受上诉或者抗诉范围的限制。

共同犯罪的案件只有部分被告人上诉的，应当对全案进行审查，一并处理。

第二百二十五条　第二审人民法院对不服第一审判决的上诉、抗诉案件，经过审理后，应当按照下列情形分别处理：

(一)原判决认定事实和适用法律正确、量刑适当的，应当裁定驳回上诉或者抗诉，维持原判；

(二)原判决认定事实没有错误，但适用法律有错误，或者量刑不当的，应当改判；

(三)原判决事实不清楚或者证据不足的，可以在查清事实后改判；也可以裁定撤销原判，发回原审人民法院重新审判。

原审人民法院对于依照前款第三项规定发回重新审判的案件作出判决后，被告人提出上诉或者人民检察院提出抗诉的，第二审人民法院应当依法作出判决或者裁定，不得再发回原审人民法院重新审判。

(四)上述案例的启示

本案被告人孙某、李某、苏某主动投案并如实供述罪行，是自首，法院分别依法予以从轻处罚。他们的做法对其他被告、嫌疑人也是有益的启示。

自首是指犯罪以后自动投案，如实供述自己的罪行。自首分为一般自首和特别自首。

一般自首是指犯罪分子犯罪以后自动投案，如实供述自己罪行的行为。一般自首的成立条件是自动投案和如实供述自己的罪行。

所谓自动投案是指犯罪事实或者犯罪嫌疑人未被司法机关发觉，或者虽被发觉，但犯罪嫌疑人尚未受到讯问、未被采取强制措施时，主动、直接向公安机关、人检察院或者法院投案。

以下这些情况应当视为自动投案：

1. 犯罪嫌疑人向其所在单位、城乡基层组织或者其他有关负责人员投案的；

2. 犯罪嫌疑人因病、伤或者为了减轻犯罪后果，委托他人先代为投案，或者先以信电投案的；

3. 罪行尚未被司法机关发觉，仅因形迹可疑，被有关组织或者司法机关盘问、教育后，主动交代自己的罪行的；

4. 犯罪后逃跑，在被通缉、追捕过程中，主动投案的；

5. 经查实确已准备去投案，或者正在投案途中，被公安机关捕获的。

6. 并非出于犯罪嫌疑人主动，而是经亲友规劝、陪同投案的；

7. 公安机关通知犯罪嫌疑人的亲友，或者亲友主动报案后，将犯罪嫌疑人送去投案的，也应当视为自动投案。

但是，犯罪嫌疑人自动投案后又逃跑的，不能认定为自首。

所谓如实供述自己的罪行是指犯罪嫌疑人自动投案后，如实交代自己的主要犯罪事实。

犯有数罪的犯罪嫌疑人仅如实供述所犯数罪中部分犯罪的，只对如实供述部分犯罪的行为，认定为自首。

共同犯罪案件中的犯罪嫌疑人，除如实供述自己的罪行，还应当供述所知的同案犯，主犯则应当供述所知其他同案犯的共同犯罪事实，才能认定为自首。

犯罪嫌疑人自动投案并如实供述自己的罪行后又翻供的，不能认定为自首；但在一审判决前又能如实供述的，应当认定为自首。

特别自首也叫准自首，是指被采取强制措施的犯罪嫌疑人、被告人和正在服刑的罪犯，如实供述司法机关还没有掌握的本人其他罪行的行为。特别自首的成立条件包括以下两个方面：

第一，特别自首的主体必须是被采取强制措施的犯罪嫌疑人、被告人和正在服刑的罪犯。

第二，必须如实供述司法机关还没有掌握的本人其他罪行。

案例四　受贿为他人谋利，结果是锒铛入狱

一、引子和案例

（一）案例简介

以下案例是身为国家工作人员，接受贿赂，为他人谋利益，结果自己进了监狱的事件。

是检察院指控，2007年至2012年，被告人王A在担任某省辐射环境监测站（以下简称监测站）站长、某省国土资源厅核与辐射安全处处长期间，利用其职务便利，多次非法收受邢某、李某、王B的贿赂款，共计161万元人民币，为他人谋取利益。具体事实如下：

1. 2007年，邢某通过挂靠某省第三建筑公司承建监测站建设放射性废物库和办公生活用房工程。

为感谢时任监测站站长的被告人王A在工程招标前透露招标信息和在招标过程中给予的帮助，邢某于2008年至2009年期间，分4次送给王A各15万元、10万元、10万元、15万元，共计50万元，王A均当场收下。

2. 2008年至2011年，北京某科技有限公司与监测站签订关于辐射监测设备的货物购销合同3份。

为感谢时任监测站站长的被告人王A在设备招标前透露设备采购预算等招标信息和在设备验收过程中给予的帮助，该公司驻广州办事处负责人李某于2008年至2010年期间分3次送给王A各6万元、11万元、6万元，共计23万元，王A均当场收下。

3. 2010年至2011年，某科技贸易（北京）有限公司与监测站签订关于辐射监测设备的货物购销合同3份。

为感谢时任监测站站长王A在设备招标前透露设备采购预算等招标信息和在设备验收过程中给予的帮助，该公司总经理王B于2010年至2012年期间分4次送给王A各20万元、8万元、5万元、55万元，共计88万元，王A均当场收下。

案发后，被告人王A家属退还赃款16万元。

针对指控的上述犯罪事实，公诉机关当庭宣读、出示了被告人王A的供述和辩解、施工承包合同、货物购销合同、银行流水清单、干部任免审批表、退赃凭证、证人证言等证据。

公诉机关认为，被告人王A无视国法，身为国家工作人员，利用职务之便，多次非法收受他人财物共计161万元，为他人谋取利益，其行为已构成受贿罪。

被告人王A对公诉机关指控的犯罪事实及罪名没有意见，辩解称他于2014年4月10日主动投案，之前纪检监察机关并未找过他；他检举他人的犯罪行为，并已得到核实，构成立功。

其辩护人提出的辩护意见为：1. 王A在未经纪检监察机关传唤其谈话的情况下，主动到纪检监察机关投案，并如实供述，属于自首，可减轻处罚；2. 王A检举他人重大犯罪线索，办案机关也正组织力量对王A举报的线索进行核实，目前已取得重大突破。王A的行为符合《中华人民共和国刑法》关于立功表现的规定，具有立功情节，可减轻处罚；3. 王A将受贿所得赃款部分退还，具有悔罪表现，可酌情从轻处罚。

法院经审理查明，2007年至2012年，被告人王A在担任某省辐射环境监测站站长、某省国土资源厅核与辐射安全处处长期间，利用其职务便利，多次收受邢某、李某、王B的贿赂款共计161万元，为他人谋取利益。

上述事实，有经庭审举证、质证，并经法院确认的到案经过、指定管辖决定书、立案决定书、拘留证、逮捕证、通报、常住人口信息表、任免文件、票据、采购合同、营业执照、证人证言、被告人王A的供述等证据证实。

（二）裁判结果

法院依照《中华人民共和国刑法》等相关规定判决：

1. 被告人王A犯受贿罪，判处有期徒刑十一年，剥夺政治权利二年，并处没收个人财产人民币二十万元。刑期自判决执行之日起计算；判决执行以前先行羁押的，羁押一日折抵刑期一日，即自2014年4月26日起至2025年4月25日止。

2. 退缴赃款人民币16万元予以没收，由扣押机关上缴国库；尚未追缴的赃款人民币145万元，继续予以追缴。

如不服本判决，可在接到判决书的第二日起十日内，通过本院或直接向省高级人民法院提起上诉。书面上诉的，应当提交上诉状正本一份，副本二份。

（三）与案例相关的问题：

受贿罪的"数额较大""其他较重情节"；"数额巨大""其他严重情节"；"数额特别巨大""其他特别严重情节"如何认定？

什么是受贿罪？

本案中，法院对王A判决的其中一项内容是判处有期徒刑十一年，剥夺政治权利二年，并处没收个人财产人民币二十万元。什么是剥夺政治权利？

剥夺政治权利的适用方式和适用对象是什么？

剥夺政治权利的期限是多久？

剥夺政治权利的期限如何计算？

什么是没收财产？

二、相关知识

问：受贿罪的“数额较大”“其他较重情节”；“数额巨大”“其他严重情节”；“数额特别巨大”“其他特别严重情节”如何认定？

答：本案王A受贿数额共计161万元，属于“数额巨大”。受贿数额不同，受到的处罚也不同。

第一，受贿罪的“数额较大”“其他较重情节”的认定。

受贿数额在三万元以上不满二十万元的，应当认定为“数额较大”，依法判处三年以下有期徒刑或者拘役，并处罚金。

受贿数额在一万元以上不满三万元，具有曾因贪污、受贿、挪用公款受过党纪、行政处分的；曾因故意犯罪受过刑事追究的；赃款赃物用于非法活动的；拒不交待赃款赃物去向或者拒不配合追缴工作，致使无法追缴的；造成恶劣影响或者其他严重后果的情形之一的，或者具有多次索贿行为的；为他人谋取不正当利益，致使公共财产、国家和人民利益遭受损失的；为他人谋取职务提拔、调整的情形之一的，应当认定为“其他较重情节”，依法判处三年以下有期徒刑或者拘役，并处罚金。

第二，“数额巨大”“其他严重情节”的认定。

受贿数额在二十万元以上不满三百万元的，应当认定为“数额巨大”，依法判处三年以上十年以下有期徒刑，并处罚金或者没收财产。

受贿数额在十万元以上不满二十万元，具有多次索贿行为的；为他人谋取不正当利益，致使公共财产、国家和人民利益遭受损失的；为他人谋取职务提拔、调整的情形之一的，应当认定为“其他严重情节”，依法判处三年以上十年以下有期徒刑，并处罚金或者没收财产。

第三，“数额特别巨大”“其他特别严重情节”的认定。

受贿数额在三百万元以上的，应当认定为“数额特别巨大”，依法判处十年以上有期徒刑、无期徒刑或者死刑，并处罚金或者没收财产。

受贿数额在一百五十万元以上不满三百万元，具有多次索贿行为的；为他人谋取不正当利益，致使公共财产、国家和人民利益遭受损失的；为他人谋取职务提拔、调整的情形之一的，应当认定为“其他特别严重情节”，依法判处十年以上有期徒刑、无期徒刑或者死刑，并处罚金或者没收财产。

三、与案件相关的法律问题

（一）学理知识

问：什么是受贿罪？

答：受贿罪指国家工作人员利用职务上的便利，索取他人财物，或者非法收受他人财物，为他人谋取利益的行为。

1. 犯罪客体：本罪侵犯的客体是职务行为的不可收买性，或者说是职务行为与财务的不可交换性，是国家机关工作人员的职务廉洁性。

2. 客观方面：本罪在客观方面表现为行为人利用职务上的便利，索取他人财物，或者非法收受他人财物，为他人谋取利益。受贿罪在客观方面除了有索贿和收受贿赂这两种基本行为形态外，还包括收受回扣、手续费、斡旋受贿等。

3. 犯罪主体：必须是国家工作人员。国家工作人员是指国家机关中从事公务的人员。国有公司、企业、事业单位、人民团体中从事公务的人员和国家机关、国有公司、企业、事业单位委派到非国有公司、企业、事业单位、社会团体从事公务的人员，以及其他依照法律从事公务的人员，以国家工作人员论。

4. 主观方面：只能是故意。

问：本案中，法院对王A判决的其中一项内容是判处有期徒刑十一年，剥夺政治权利二年，并处没收个人财产人民币二十万元。什么是剥夺政治权利？

答：剥夺政治权利是附加刑中的一种。附加刑指刑法规定，补充主刑适用的既能独立适用，也能附加适用的刑罚方法。附加刑有罚金、剥夺政治权利、没收财产、驱逐出境。

剥夺政治权利是指剥夺犯罪人参加国家管理和政治活动权利的刑罚方法。对被判处剥夺政治权利的罪犯，由公安机关执行。执行期满，应当由执行机关书面通知本人及其所在单位。

根据《中华人民共和国刑法》第五十四条的规定，剥夺政治权利是同时剥夺犯罪分子下列四项权利：

1. 选举权和被选举权；

2. 言论、出版、集会、结社、游行、示威自由的权利；

3. 担任国家机关职务的权利；

4. 担任国有公司、企业、事业单位和人民团体领导职务的权利。

问：剥夺政治权利的适用方式和适用对象是什么？

答：在适用方式上，既可以附加适用，也可以独立适用，独立适用剥夺政治权利的，依照刑法分则的规定。

剥夺政治权利附加适用的对象，根据《中华人民共和国刑法》总则第五十六条和第五十七条的规定，附加适用剥夺政治权利的对象，主要是以下三种犯罪分子：

1. 危害国家安全的犯罪分子应当附加剥夺政治权利；

2. 故意杀人、强奸、放火、爆炸、投毒、抢劫等严重破坏社会秩序的犯罪分子可以附加剥夺政治权利；

3. 被判处死刑和无期徒刑的犯罪分子应当附加剥夺政治权利。

问：剥夺政治权利的期限是多久？

答：根据《中华人民共和国刑法》第五十五条至第五十八条的规定，剥夺政治权利的期限，具体包括四种情况：

1. 判处管制附加剥夺政治权利的，剥夺政治权利的期限与管制的期限相等，同时执行，即三个月以上二年以下。

2. 判处拘役、有期徒刑附加剥夺政治权利的期限，为一年以上五年以下。

3. 判处死刑、无期徒刑的犯罪分子，应当剥夺政治权利终身。

4. 死刑缓期执行减为有期徒刑，或者无期徒刑减为有期徒刑的，应当把附加剥夺政治权利的期限改为三年以上十年以下。

问：剥夺政治权利的期限如何计算？

答：根据《中华人民共和国刑法》和其他有关法律的剥夺政治权利的期限规定，剥夺政治权利刑期的计算有以下四种情况：

1. 独立适用剥夺政治权利的，依照《中华人民共和国刑法》分则的规定，刑期从判决确定之日起计算并执行。

2. 判处管制附加剥夺政治权利的，剥夺政治权利的期限与管制的期限相等，三个月以上二年以下，同时起算，同时执行。

3. 有期徒刑、拘役附加剥夺政治权利的，剥夺政治权利的刑期从有期徒刑、拘役执行完毕之日起或者从假释之日起计算。剥夺政治权利的效力当然施用于主刑执行期间。也就是说，主刑的执行期间虽然不计入剥夺政治权利的刑期，但犯罪分子不享有政治权利。

4. 判处死刑（包括死缓）、无期徒刑附加剥夺政治权利终身的，刑期从判决发生法律效力之日起计算。

问：什么是没收财产？

答：没收财产是没收犯罪分子个人所有财产的一部分或者全部收归国有的刑罚方法。

《中华人民共和国刑法》第五十九条规定了没收财产的范围：没收财产是没收犯罪分子个人所有财产的一部分或者全部。没收全部财产的，应当对犯罪分子个人及其抚养的家属保留必需的生活费用。在判处没收财产的时候，不得没收属于犯罪分子家属所有或者应有的财产。

关于没收财产以前犯罪分子所负的正当债务偿还问题，《中华人民共和国刑法》第六十条规定，没收财产以前犯罪分子所负的正当债务，需要以没收的财产偿还的，经债权人请求，应当偿还。“没收财产以前犯罪分子所负的正当债务”是指犯罪分子在判决生效前所负他人的合法债务。

（二）法院裁判的理由

根据《最高人民检察院、最高人民法院关于办理职务犯罪案件认定自首、立功等量刑情节若干问题的意见》“没有自动投案，在办案机关调查谈话、讯问、采取调查措施或者强制措施期间，犯罪分子如实交代办案机关掌握的线索所针对的事实的，不能认定为自首”之规定，王A交代的为办案机关掌握的线索所针对的犯罪事实，其行为不构成自首，故辩解、辩护意见与查明事实不符，且于法无据，法院不予采纳。

根据《最高人民检察院、最高人民法院关于办理职务犯罪案件认定自首、立功等量刑情节若干问题的意见》“犯罪分子揭发他人犯罪行为，提供侦破其他案件重要线索的，必须经查证属实，才能认定为立功。审查是否构成立功，不仅要审查办案机关的说明材料，还要审查有关事实和证据以及与案件定性处罚相关的法律文书，如立案决定书、逮捕决定书、侦查终结报告、起诉意见书、起诉书或者判决书等”的规定，王 A 的行为不构成立功，王 A 的辩解、辩护意见与查明事实不符，法院不予采纳。

法院认为，被告人王 A 身为国家工作人员，利用职务上的便利，多次非法收受他人财物共计 161 万元，为他人谋取利益，其行为已构成受贿罪，依法应予惩处。

公诉机关指控的犯罪事实清楚，证据确实、充分，定性准确，法院予以支持。

被告人王 A 到案后如实供述，主动交代办案机关尚未掌握收受李某、王 B 受贿款的同种犯罪事实，有坦白情节，且退缴部分受贿款，可对其从轻处罚。故辩护人提出对王 A 从轻处罚的辩护意见有理，法院予以采纳。

（三）法院裁判的法律依据

《中华人民共和国刑法》（2011 年版）：

第三百八十五条　国家工作人员利用职务上的便利，索取他人财物的，或者非法收受他人财物，为他人谋取利益的，是受贿罪。

国家工作人员在经济往来中，违反国家规定，收受各种名义的回扣、手续费，归个人所有的，以受贿论处。

第三百八十六条　对犯受贿罪的，根据受贿所得数额及情节，依照本法第三百八十三条的规定处罚。索贿的从重处罚。

第三百八十三条　对犯贪污罪的，根据情节轻重，分别依照下列规定处罚：

（一）个人贪污数额在十万元以上的，处十年以上有期徒刑或无期徒刑，可以并处没收财产；情节特别严重的，处死刑，并处没收财产。

（二）个人贪污数额在五万元以上不满十万元的，处五年以上有期徒刑，可以并处没收财产；情节特别严重的，处无期徒刑，并处没收财产。

（三）个人贪污数额在五千元以上不满五万元的，处一年以上七年以下有期徒刑；情节严重的，处七年以上十年以下有期徒刑。个人贪污数额在五千元以上不满一万元的，犯罪后有悔改表现，积极退赃的，可以减轻处罚或免予刑事处罚，由其所在单位或者上级机关给予行政处分。

（四）个人贪污数额不满五千元，情节较重的，处二年以下有期徒刑或者拘役；情节较轻的，由其所在单位或者上级机关给予行政处分。

对多次贪污未经处理的，按照累计贪污数额处罚。

第五十五条　剥夺政治权利的期限，除本法第五十七条规定外，为一年以上五年以下。

判处管制附加剥夺政治权利的，剥夺政治权利的期限与管制的期限相等，同时执行。

第五十六条　对于危害国家安全的犯罪分子应当附加剥夺政治权利；对于故意杀人、强奸、放火、爆炸、投毒、抢劫等严重破坏社会秩序的犯罪分子，可以附加剥夺政治权利。

独立适用剥夺政治权利的，依照本法分则的规定。

第五十九条　没收财产是没收犯罪分子个人所有财产的一部或者全部。没收全部财产的，应当对犯罪分子个人及其扶养的家属保留必需的生活费用。

在判处没收财产的时候，不得没收属于犯罪分子家属所有或者应有的财产。

第六十条　没收财产以前犯罪分子所负的正当债务，需要以没收的财产偿还的，经债权人请求，应当偿还。

第六十一条 对于犯罪分子决定刑罚的时候，应当根据犯罪的事实、犯罪的性质、情节和对于社会的危害程度，依照本法的有关规定判处。

第六十四条 犯罪分子违法所得的一切财物，应当予以追缴或者责令退赔；对被害人的合法财产，应当及时返还；违禁品和供犯罪所用的本人财物，应当予以没收。没收的财物和罚金，一律上缴国库，不得挪用和自行处理。

第六十七条 犯罪以后自动投案，如实供述自己的罪行的，是自首。对于自首的犯罪分子，可以从轻或者减轻处罚。其中，犯罪较轻的，可以免除处罚。

被采取强制措施的犯罪嫌疑人、被告人和正在服刑的罪犯，如实供述司法机关还未掌握的本人其他罪行的，以自首论。

犯罪嫌疑人虽不具有前两款规定的自首情节，但是如实供述自己罪行的，可以从轻处罚；因其如实供述自己罪行，避免特别严重后果发生的，可以减轻处罚。

（四）上述案例的启示

法院认为本案被告王A的行为不构成立功，不可以从轻或者减轻处罚。

立功是指犯罪分子揭发他人的犯罪行为，查证属实的，或者提供重要线索，从而得以侦破其他案件等的行为。构成立功的可以从轻或者减轻处罚；有重大立功表现的，可以减轻或者免除处罚。

立功分为一般立功表现和重大立功表现。

下列行为应当认定为有立功表现：犯罪分子到案后有检举、揭发他人犯罪行为，包括共同犯罪案件中的犯罪分子揭发同案犯共同犯罪以外的其他犯罪，经查证属实；提供侦破其他案件的重要线索，经查证属实；阻止他人犯罪活动；协助司法机关抓捕其他犯罪嫌疑人（包括同案犯）；具有其他有利于国家和社会的突出表现的。

下列行为应当认定为有重大立功表现：犯罪分子有检举、揭发他人重大犯罪行为，经查证属实；提供侦破其他重大案件的重要线索，经查证属实；阻止他人重大犯罪活动；协助司法机关抓捕其他重大犯罪嫌疑人（包括同案犯）；对国家和社会有其他重大贡献等表现的。

所称“重大犯罪”“重大案件”“重大犯罪嫌疑人”的标准，一般是指犯罪嫌疑人、被告人可能被判处无期徒刑以上刑罚或者案件在本省、自治区、直辖市或者全国范围内有较大影响等情形。

尽管王 A 的行为不构成立功，但是王 A 争取立功的做法还是值得肯定的。

附录一

中华人民共和国放射性污染防治法

（2003年6月28日第十届全国人民代表大会常务委员会第三次会议通过，自2003年10月1日起施行）

目　录

第一章　总　则

第一条　为了防治放射性污染，保护环境，保障人体健康，促进核能、核技术的开发与和平利用，制定本法。

第二条　本法适用于中华人民共和国领域和管辖的其他海域在核设施选址、建造、运行、退役和核技术、铀（钍）矿、伴生放射性矿开发利用过程中发生的放射性污染的防治活动。

第三条　国家对放射性污染的防治，实行预防为主、防治结合、严格管理、安全第一的方针。

第四条　国家鼓励、支持放射性污染防治的科学研究和技术开发利用，推广先进的放射性污染防治技术。

国家支持开展放射性污染防治的国际交流与合作。

第五条　县级以上人民政府应当将放射性污染防治工作纳入环境保护规划。

县级以上人民政府应当组织开展有针对性的放射性污染防治宣传教育，使公众了解放射性污染防治的有关情况和科学知识。

第六条　任何单位和个人有权对造成放射性污染的行为提出检举和控告。

第七条　在放射性污染防治工作中作出显著成绩的单位和个人，由县级以上人民政府给予奖励。

第八条　国务院环境保护行政主管部门对全国放射性污染防治工作依法实施统一监督管理。

国务院卫生行政部门和其他有关部门依据国务院规定的职责，对有关的放射性污染防治工作依法实施监督管理。

第二章　放射性污染防治的监督管理

第九条　国家放射性污染防治标准由国务院环境保护行政主管部门根据环境安全要求、国家经济技术条件制定。国家放射性污染防治标准由国务院环境保护行政主管部门和国务院标准化行政主管部门联合发布。

第十条　国家建立放射性污染监测制度。国务院环境保护行政主管部门会同国务院其他有关部门组织环境监测网络，对放射性污染实施监测管理。

第十一条　国务院环境保护行政主管部门和国务院其他有关部门，按照职责分工，各负其责，互通信息，密切配合，对核设施、铀（钍）

矿开发利用中的放射性污染防治进行监督检查。

县级以上地方人民政府环境保护行政主管部门和同级其他有关部门，按照职责分工，各负其责，互通信息，密切配合，对本行政区域内核技术利用、伴生放射性矿开发利用中的放射性污染防治进行监督检查。

监督检查人员进行现场检查时，应当出示证件。被检查的单位必须如实反映情况，提供必要的资料。监督检查人员应当为被检查单位保守技术秘密和业务秘密。对涉及国家秘密的单位和部位进行检查时，应当遵守国家有关保守国家秘密的规定，依法办理有关审批手续。

第十二条　核设施营运单位、核技术利用单位、铀（钍）矿和伴生放射性矿开发利用单位，负责本单位放射性污染的防治，接受环境保护行政主管部门和其他有关部门的监督管理，并依法对其造成的放射性污染承担责任。

第十三条　核设施营运单位、核技术利用单位、铀（钍）矿和伴生放射性矿开发利用单位，必须采取安全与防护措施，预防发生可能导致放射性污染的各类事故，避免放射性污染危害。

核设施营运单位、核技术利用单位、铀（钍）矿和伴生放射性矿开发利用单位，应当对其工作人员进行放射性安全教育、培训，采取有效的防护安全措施。

第十四条　国家对从事放射性污染防治的专业人员实行资格管理制度；对从事放射性污染监测工作的机构实行资质管理制度。

第十五条　运输放射性物质和含放射源的射线装置，应当采取有效措施，防止放射性污染。具体办法由国务院规定。

第十六条　放射性物质和射线装置应当设置明显的放射性标识和中文警示说明。生产、销售、使用、贮存、处置放射性物质和射线装置的场所，以及运输放射性物质和含放射源的射线装置的工具，应当设置明显的放射性标志。

第十七条　含有放射性物质的产品，应当符合国家放射性污染防治标准；不符合国家放射性污染防治标准的，不得出厂和销售。

使用伴生放射性矿渣和含有天然放射性物质的石材做建筑和装修材料，应当符合国家建筑材料放射性核素控制标准。

第三章　核设施的放射性污染防治

第十八条　核设施选址，应当进行科学论证，并按照国家有关规定办理审批手续。在办理核设施选址审批手续前，应当编制环境影响报告书，报国务院环境保护行政主管部门审查批准；未经批准，有关部门不得办理核设施选址批准文件。

第十九条　核设施营运单位在进行核设施建造、装料、运行、退役等活动前，必须按照国务院有关核设施安全监督管理的规定，申请领取核设施建造、运行许可证和办理装料、退役等审批手续。

核设施营运单位领取有关许可证或者批准文件后，方可进行相应的建造、装料、运行、退役等活动。

第二十条　核设施营运单位应当在申请领取核设施建造、运行许可证和办理退役审批手续前编制环境影响报告书，报国务院环境保护行政主管部门审查批准；未经批准，有关部门不得颁发许可证和办理批准文件。

第二十一条　与核设施相配套的放射性污染防治设施，应当与主体工程同时设计、同时施工、同时投入使用。

放射性污染防治设施应当与主体工程同时验收；验收合格的，主体工程方可投入生产或者使用。

第二十二条　进口核设施，应当符合国家放射性污染防治标准；没有相应的国家放射性污染防治标准的，采用国务院环境保护行政主管部门指定的国外有关标准。

第二十三条　核动力厂等重要核设施外围地区应当划定规划限制区。规划限制区的划定和管理办法，由国务院规定。

第二十四条　核设施营运单位应当对核设施周围环境中所含的放射性核素的种类、浓度以及核设施流出物中的放射性核素总量实施监测，并定期向国务院环境保护行政主管部门和所在地省、自治区、直辖市人民政府环境保护行政主管部门报告监测结果。

国务院环境保护行政主管部门负责对核动力厂等重要核设施实施监督性监测，并根据需要对其他核设施的流出物实施监测。监督性监测系统的建设、运行和维护费用由财政预算安排。

第二十五条　核设施营运单位应当建立健全安全保卫制度，加强安全保卫工作，并接受公安部门的监督指导。

核设施营运单位应当按照核设施的规模和性质制定核事故场内应急计划，做好应急准备。

出现核事故应急状态时，核设施营运单位必须立即采取有效的应急措施控制事故，并向核设施主管部门和环境保护行政主管部门、卫生行政部门、公安部门以及其他有关部门报告。

第二十六条　国家建立健全核事故应急制度。

核设施主管部门、环境保护行政主管部门、卫生行政部门、公安部门以及其他有关部门，在本级人民政府的组织领导下，按照各自的职责依法做好核事故应急工作。

中国人民解放军和中国人民武装警察部队按照国务院、中央军事委员会的有关规定在核事故应急中实施有效的支援。

第二十七条　核设施营运单位应当制定核设施退役计划。

核设施的退役费用和放射性废物处置费用应当预提，列入投资概算或者生产成本。核设施的退役费用和放射性废物处置费用的提取和管理办法，由国务院财政部门、价格主管部门会同国务院环境保护行政主管部门、核设施主管部门规定。

第四章　核技术利用的放射性污染防治

第二十八条　生产、销售、使用放射性同位素和射线装置的单位，应当按照国务院有关放射性同位素与射线装置放射防护的规定申请领取许可证，办理登记手续。

转让、进口放射性同位素和射线装置的单位以及装备有放射性同位素的仪表的单位，应当按照国务院有关放射性同位素与射线装置放射防护的规定办理有关手续。

第二十九条　生产、销售、使用放射性同位素和加速器、中子发生器以及含放射源的射线装置的单位，应当在申请领取许可证前编制环境影响评价文件，报省、自治区、直辖市人民政府环境保护行政主管部门审查批准；未经批准，有关部门不得颁发许可证。

国家建立放射性同位素备案制度。具体办法由国务院规定。

第三十条　新建、改建、扩建放射工作场所的放射防护设施，应当与主体工程同时设计、同时施工、同时投入使用。

放射防护设施应当与主体工程同时验收；验收合格的，主体工程方可投入生产或者使用。

第三十一条　放射性同位素应当单独存放，不得与易燃、易爆、腐蚀性物品等一起存放，其贮存场所应当采取有效的防火、防盗、防射线泄漏的安全防护措施，并指定专人负责保管。贮存、领取、使用、归还放射性同位素时，应当进行登记、检查，做到账物相符。

第三十二条　生产、使用放射性同位素和射线装置的单位，应当按照国务院环境保护行政主管部门的规定对其产生的放射性废物进行收集、包装、贮存。

生产放射源的单位，应当按照国务院环境保护行政主管部门的规定回收和利用废旧放射源；使用放射源的单位，应当按照国务院环境保护行政主管部门的规定将废旧放射源交回生产放射源的单位或者送交专门从事放射性固体废物贮存、处置的单位。

第三十三条　生产、销售、使用、贮存放射源的单位，应当建立健全安全保卫制度，指定专人负责，落实安全责任制，制定必要的事故应急措施。发生放射源丢失、被盗和放射性污染事故时，有关单位和个人必须立即采取应急措施，并向公安部门、卫生行政部门和环境保护行政主管部门报告。

公安部门、卫生行政部门和环境保护行政主管部门接到放射源丢失、被盗和放射性污染事故报告后，应当报告本级人民政府，并按照各自的职责立即组织采取有效措施，防止放射性污染蔓延，减少事故损失。当地人民政府应当及时将有关情况告知公众，并做好事故的调查、处理工作。

第五章　铀（钍）矿和伴生放射性矿开发利用的放射性污染防治

第三十四条　开发利用或者关闭铀（钍）矿的单位，应当在申请领取采矿许可证或者办理退役审批手续前编制环境影响报告书，报国务院环境保护行政主管部门审查批准。

开发利用伴生放射性矿的单位，应当在申请领取采矿许可证前编制环境影响报告书，报省级以上人民政府环境保护行政主管部门审查批准。

第三十五条　与铀（钍）矿和伴生放射性矿开发利用建设项目相配套的放射性污染防治设施，应当与主体工程同时设计、同时施工、同时投入使用。

放射性污染防治设施应当与主体工程同时验收；验收合格的，主体工程方可投入生产或者使用。

第三十六条　铀（钍）矿开发利用单位应当对铀（钍）矿的流出物和周围的环境实施监测，并定期向国务院环境保护行政主管部门和所在地省、自治区、直辖市人民政府环境保护行政主管部门报告监测结果。

第三十七条 对铀（钍）矿和伴生放射性矿开发利用过程中产生的尾矿，应当建造尾矿库进行贮存、处置；建造的尾矿库应当符合放射性污染防治的要求。

第三十八条 铀（钍）矿开发利用单位应当制定铀（钍）矿退役计划。铀矿退役费用由国家财政预算安排。

第六章 放射性废物管理

第三十九条 核设施营运单位、核技术利用单位、铀（钍）矿和伴生放射性矿开发利用单位，应当合理选择和利用原材料，采用先进的生产工艺和设备，尽量减少放射性废物的产生量。

第四十条 向环境排放放射性废气、废液，必须符合国家放射性污染防治标准。

第四十一条 产生放射性废气、废液的单位向环境排放符合国家放射性污染防治标准的放射性废气、废液，应当向审批环境影响评价文件的环境保护行政主管部门申请放射性核素排放量，并定期报告排放计量结果。

第四十二条 产生放射性废液的单位，必须按照国家放射性污染防治标准的要求，对不得向环境排放的放射性废液进行处理或者贮存。

产生放射性废液的单位，向环境排放符合国家放射性污染防治标准的放射性废液，必须采用符合国务院环境保护行政主管部门规定的排放方式。

禁止利用渗井、渗坑、天然裂隙、溶洞或者国家禁止的其他方式排放放射性废液。

第四十三条 低、中水平放射性固体废物在符合国家规定的区域实行近地表处置。

高水平放射性固体废物实行集中的深地质处置。

α 放射性固体废物依照前款规定处置。

禁止在内河水域和海洋上处置放射性固体废物。

第四十四条　国务院核设施主管部门会同国务院环境保护行政主管部门根据地质条件和放射性固体废物处置的需要，在环境影响评价的基础上编制放射性固体废物处置场所选址规划，报国务院批准后实施。

有关地方人民政府应当根据放射性固体废物处置场所选址规划，提供放射性固体废物处置场所的建设用地，并采取有效措施支持放射性固体废物的处置。

第四十五条　产生放射性固体废物的单位，应当按照国务院环境保护行政主管部门的规定，对其产生的放射性固体废物进行处理后，送交放射性固体废物处置单位处置，并承担处置费用。

放射性固体废物处置费用收取和使用管理办法，由国务院财政部门、价格主管部门会同国务院环境保护行政主管部门规定。

第四十六条　设立专门从事放射性固体废物贮存、处置的单位，必须经国务院环境保护行政主管部门审查批准，取得许可证。具体办法由国务院规定。

禁止未经许可或者不按照许可的有关规定从事贮存和处置放射性固体废物的活动。

禁止将放射性固体废物提供或者委托给无许可证的单位贮存和处置。

第四十七条　禁止将放射性废物和被放射性污染的物品输入中华人民共和国境内或者经中华人民共和国境内转移。

第七章　法律责任

第四十八条　放射性污染防治监督管理人员违反法律规定，利用职务上的便利收受他人财物、谋取其他利益，或者玩忽职守，有下列行为之一的，依法给予行政处分；构成犯罪的，依法追究刑事责任：

（一）对不符合法定条件的单位颁发许可证和办理批准文件的；

（二）不依法履行监督管理职责的；

（三）发现违法行为不予查处的。

第四十九条　违反本法规定，有下列行为之一的，由县级以上人民政府环境保护行政主管部门或者其他有关部门依据职权责令限期改正，可以处二万元以下罚款：

（一）不按照规定报告有关环境监测结果的；

（二）拒绝环境保护行政主管部门和其他有关部门进行现场检查，或者被检查时不如实反映情况和提供必要资料的。

第五十条　违反本法规定，未编制环境影响评价文件，或者环境影响评价文件未经环境保护行政主管部门批准，擅自进行建造、运行、生产和使用等活动的，由审批环境影响评价文件的环境保护行政主管部门责令停止违法行为，限期补办手续或者恢复原状，并处一万元以上二十万元以下罚款。

第五十一条　违反本法规定，未建造放射性污染防治设施、放射防护设施，或者防治防护设施未经验收合格，主体工程即投入生产或者使用的，由审批环境影响评价文件的环境保护行政主管部门责令停止违法行为，限期改正，并处五万元以上二十万元以下罚款。

第五十二条　违反本法规定，未经许可或者批准，核设施营运单位擅自进行核设施的建造、装料、运行、退役等活动的，由国务院环境保护行政主管部门责令停止违法行为，限期改正，并处二十万元以上五十万元以下罚款；构成犯罪的，依法追究刑事责任。

第五十三条　违反本法规定，生产、销售、使用、转让、进口、贮存放射性同位素和射线装置以及装备有放射性同位素的仪表的，由县级以上人民政府环境保护行政主管部门或者其他有关部门依据职权责令停止违法行为，限期改正；逾期不改正的，责令停产停业或者吊销许可证；有违法所得的，没收违法所得；违法所得十万元以上的，并处违法所得一倍以上五倍以下罚款；没有违法所得或者违法所得不足十万元的，并处一万元以上十万元以下罚款；构成犯罪的，依法追究刑事责任。

第五十四条　违反本法规定，有下列行为之一的，由县级以上人民政府环境保护行政主管部门责令停止违法行为，限期改正，处以罚款；构成犯罪的，依法追究刑事责任：

（一）未建造尾矿库或者不按照放射性污染防治的要求建造尾矿库，贮存、处置铀（钍）矿和伴生放射性矿的尾矿的；

（二）向环境排放不得排放的放射性废气、废液的；

（三）不按照规定的方式排放放射性废液，利用渗井、渗坑、天然裂隙、溶洞或者国家禁止的其他方式排放放射性废液的；

（四）不按照规定处理或者贮存不得向环境排放的放射性废液的；

（五）将放射性固体废物提供或者委托给无许可证的单位贮存和处置的。

有前款第（一）项、第（二）项、第（三）项、第（五）项行为之一的，处十万元以上二十万元以下罚款；有前款第（四）项行为的，处一万元以上十万元以下罚款。

第五十五条　违反本法规定，有下列行为之一的，由县级以上人民政府环境保护行政主管部门或者其他有关部门依据职权责令限期改正；逾期不改正的，责令停产停业，并处二万元以上十万元以下罚款；构成犯罪的，依法追究刑事责任：

（一）不按照规定设置放射性标识、标志、中文警示说明的；

（二）不按照规定建立健全安全保卫制度和制定事故应急计划或者

应急措施的；

（三）不按照规定报告放射源丢失、被盗情况或者放射性污染事故的。

第五十六条　产生放射性固体废物的单位，不按照本法第四十五条的规定对其产生的放射性固体废物进行处置的，由审批该单位立项环境影响评价文件的环境保护行政主管部门责令停止违法行为，限期改正；逾期不改正的，指定有处置能力的单位代为处置，所需费用由产生放射性固体废物的单位承担，可以并处二十万元以下罚款；构成犯罪的，依法追究刑事责任。

第五十七条　违反本法规定，有下列行为之一的，由省级以上人民政府环境保护行政主管部门责令停产停业或者吊销许可证；有违法所得的，没收违法所得；违法所得十万元以上的，并处违法所得一倍以上五倍以下罚款；没有违法所得或者违法所得不足十万元的，并处五万元以上十万元以下罚款；构成犯罪的，依法追究刑事责任：

（一）未经许可，擅自从事贮存和处置放射性固体废物活动的；

（二）不按照许可的有关规定从事贮存和处置放射性固体废物活动的。

第五十八条　向中华人民共和国境内输入放射性废物和被放射性污染的物品，或者经中华人民共和国境内转移放射性废物和被放射性污染的物品的，由海关责令退运该放射性废物和被放射性污染的物品，并处五十万元以上一百万元以下罚款；构成犯罪的，依法追究刑事责任。

第五十九条　因放射性污染造成他人损害的，应当依法承担民事责任。

第八章　附　则

第六十条　军用设施、装备的放射性污染防治，由国务院和军队的有关主管部门依照本法规定的原则和国务院、中央军事委员会规定的职责实施监督管理。

第六十一条　劳动者在职业活动中接触放射性物质造成的职业病的防治，依照《中华人民共和国职业病防治法》的规定执行。

第六十二条　本法中下列用语的含义：

（一）放射性污染，是指由于人类活动造成物料、人体、场所、环境介质表面或者内部出现超过国家标准的放射性物质或者射线。

（二）核设施，是指核动力厂（核电厂、核热电厂、核供汽供热厂等）和其他反应堆（研究堆、实验堆、临界装置等）；核燃料生产、加工、贮存和后处理设施；放射性废物的处理和处置设施等。

（三）核技术利用，是指密封放射源、非密封放射源和射线装置在医疗、工业、农业、地质调查、科学研究和教学等领域中的使用。

（四）放射性同位素，是指某种发生放射性衰变的元素中具有相同原子序数但质量不同的核素。

（五）放射源，是指除研究堆和动力堆核燃料循环范畴的材料以外，永久密封在容器中或者有严密包层并呈固态的放射性材料。

（六）射线装置，是指X线机、加速器、中子发生器以及含放射源的装置。

（七）伴生放射性矿，是指含有较高水平天然放射性核素浓度的非铀矿（如稀土矿和磷酸盐矿等）。

（八）放射性废物，是指含有放射性核素或者被放射性核素污染，其浓度或者比活度大于国家确定的清洁解控水平，预期不再使用的废弃物。

第六十三条　本法自2003年10月1日起施行。

附录二

“生态环境保护健康维权普法丛书”支持单位和个人

张国林　北京博大环球创业投资有限公司　董事长
李爱民　中国风险投资有限公司　济南建华投资管理有限公司　合伙人总经理
杨曦沦　中国科技信息杂志社　社长
汤为人　杭州科润超纤有限公司　董事长
刘景发　广州奇雅丝纺织品有限公司　总经理
赵　蔡　阆中诚舵生态农业发展有限公司　董事长
王　磊　天津昊睿房地产经纪有限公司　总经理
武　力　中国秦文研究会　秘书长
钟红亮　首都医科大学附属北京朝阳医院　神经外科主治医师
李泽君　深圳市九九九国际贸易有限公司　总经理
齐　南　北京蓝海在线营销顾问有限公司　总经理
王九川　北京市京都律师事务所　律师　合伙人
朱永锐　北京市大成律师事务所　律师　高级合伙人
张占良　北京市仁丰律师事务所　律师　主任
王　贺　北京市兆亿律师事务所　律师
陈景秋　《中国知识产权报·专利周刊》副主编　记者
赵胜彪　北京君好法律咨询有限公司　执行董事/总法律顾问
赵培琳　北京易子微科技有限公司　创始人

附录三

“生态环境保护健康维权普法丛书”宣讲团队

北京君好法律顾问团，简称君好顾问团，由北京君好法律咨询有限责任公司组织协调，成员包括中国政法大学、北京大学、清华大学的部分专家学者，多家律师事务所的律师，企业法律顾问等专业人士。顾问团成员各有所长，有的擅长理论教学、专家论证；有的熟悉实务操作、代理案件；有的专职于非诉讼业务，做庭外顾问；有的从事法律风险管理，防患于未然。顾问团成员也参与普法宣传等社会公益活动。

一、顾问团主要业务

1. 专家论证会

组织、协调、聘请相关领域的法学专家、学者，针对行政、经济、民商、刑事方面的理论和实务问题，举办专家论证会，形成专家论证意见，帮助客户解决疑难法律问题。

2. 法律风险管理

针对客户经营过程中可能或已经产生的不利法律后果，从管理的角度提出建议和解决方案，避免或减少行政、经济、民商甚至刑事方面不利法律后果的发生。

3. 企业法律文化培训

企业法律文化是指与企业经营管理活动相关的法律意识、法律思维、行为模式、企业内部组织、管理制度等法律文化要素的总和。通过讲座等方式学习企业法律文化，有利于企业的健康有序发展。

4. 投资融资服务

针对客户的投融资需求，协调促成投融资合作，包括债权股权投融资，为债权股权投融资项目提供相关服务和延伸支持等。

5. 形象宣传

通过公益活动、知识竞赛、举办普法讲座等方式，向受众传送客户的文化、理念、外部形象、内在实力等信息，进一步提高社会影响力，扩大产品或服务的知名度。

6. 市场推广

市场推广是指为扩大客户产品、服务的市场份额，提高产品的销量和知名度，将有关产品或服务的信息传递给目标客户，促使目标客户的购买动机转化为实际交易行为而采取的一系列措施，如举办与产品相关的普法讲座、组织品鉴会等。

7. 其他相关业务

二、顾问团部分成员简介

王灿发：联合国环境署－中国政法大学环境法研究基地主任，国家生态环境保护专家委员会委员，生态环境保护部法律顾问。有“中国环境科学学会优秀科技工作者”的殊荣。现为中国政法大学教授，博士生导师，中国政法大学环境资源法研究和服务中心主任，北京环助律师事务所律师。

孙毅：高级律师，北京市公衡律师事务所名誉主任，擅长刑事辩护、公司法律、民事诉讼等业务。有军人经历，曾任检察官、党校教师、律师事务所主任等职务。

朱永锐：北京市大成律师事务所高级合伙人，主要从事涉外法律业务。业务领域包括国际投融资、国际商务、企业并购、国际金融、知识产权、国际商务诉讼与仲裁、金融与公司犯罪。

崔师振：北京卓海律师事务所合伙人，北京律师协会风险投资和私募股权专业委员会委员，擅长企业股权架构设计和连锁企业法律服务，包括合伙人股权架构设计、员工股权激励方案设计和企业股权融资法律风险防范。

侯登华：北京科技大学文法学院法律系主任、教授、硕士研究生导师、法学博士、律师，主要研究领域是仲裁法学、诉讼法学、劳动法学，同时从事一些相关的法律实务工作。

陈健：中国政法大学民商经济法学院知识产权教研室副教授、法学博士。研究领域：民法、知识产权法、电子商务法。社会兼职：北京仲裁委员会仲裁员、英国皇家御准仲裁员协会会员。

李冰：女，北京市维泰律师事务所律师，擅长婚姻家庭纠纷，经济纠纷及公司等业务。曾经在丰台区四个社区担任长年法律顾问，从事社区法律咨询等工作。

袁海英：河北大学政法学院副教授、硕士研究生导师，河北省知识产权研究会秘书长，主要从事知识产权法、国际经济法教学科研工作。

汤海清：哈尔滨师范大学法学院副教授、法学博士，北京大成（哈尔滨）律师事务所兼职律师，主要从事宪法与行政法、刑法的教学工作，从事律师工作二十余年，有较为丰富的司法实践工作经验。

徐玉环：女，北京市公衡律师事务所律师，主要从事公司法律事务。业务领域包括建设工程相关法律事务、民事诉讼与仲裁。

张雁春：北京市公衡律师事务所律师，主要从事公司法律事务，擅长公司诉讼及非诉案件，为当事人挽回了大量经济损失。

张占良：民商法学硕士，律师，北京市仁丰律师事务所主任，北京市物权法研究会理事。主要办理外商投资、企业收购兼并、房地产法律业务，从事律师业务十九年，具有丰富的律师执业经验。

赵胜彪：法学学士，北京君好法律咨询有限公司执行董事/总法律顾问，君好法律顾问团、君好投融资顾问团协调人/主任，中国科技信息杂志法律顾问。主要从事企业经营过程中法律风险管理的实务、培训及研究工作。

三、顾问团联系方式：

办公地址：北京市朝阳区东土城路6号金泰腾达写字楼B座507

联系方式：13501362256（微信号）

lawyersbz@163.com（邮箱）